开放式协作
开源软件的生产与维护

[美] 娜迪亚·埃格巴尔（Nadia Eghbal） 著

X-lab 开放实验室 译

开源社 审校

WORKING

IN PUBLIC

华东师范大学出版社

·上海·

图书在版编目(CIP)数据

开放式协作：开源软件的生产与维护/(美)娜迪亚·埃格巴尔著;X-lab开放实验室译.—上海:华东师范大学出版社,2022

ISBN 978-7-5760-3092-1

Ⅰ.①开… Ⅱ.①娜…②X… Ⅲ.①软件开发
Ⅳ.①TP311.52

中国版本图书馆CIP数据核字(2022)第187164号

上海市版权局著作权合同登记图字:09-2021-0881号

开放式协作

开源软件的生产与维护

著　　者　[美]娜迪亚·埃格巴尔(Nadia Eghbal)
译　　者　X-lab开放实验室
审　　校　开源社
责任编辑　李　琴
特约审读　丁挚恩
责任校对　牛之越　时东明
装帧设计　庄玉侠

出版发行　**华东师范大学出版社**
社　　址　上海市中山北路3663号　邮编 200062
网　　址　www.ecnupress.com.cn
电　　话　021-60821666　行政传真 021-62572105
客服电话　021-62865537　门市(邮购)电话 021-62869887
地　　址　上海市中山北路3663号华东师范大学校内先锋路口
网　　店　http://hdsdcbs.tmall.com

印　刷　者　上海龙腾印务有限公司
开　　本　787毫米×1092毫米　1/16
印　　张　15.25
字　　数　244千字
版　　次　2022年11月第1版
印　　次　2022年11月第1次
书　　号　ISBN 978-7-5760-3092-1
定　　价　78.00元

出　版　人　王　焰

(如发现本版图书有印订质量问题,请寄回本社客服中心调换或电话 021-62865537 联系)

Introduction of the Author
作者介绍

娜迪亚·埃格巴尔

是一位探讨互联网如何赋能于个人创作者的
作家和学者。2015 至 2019 年间,她专注于开源软
件的生产,在独立工作与 GitHub 工作之间切换,以
改善开源开发者的体验。她也是《路与桥:数字基
础设施背后的隐形劳动》的作者,在书中她认为,
开源代码是一种需要维护的公共基础设施。

Recommendation
推荐语

1. 娜迪亚从开源、经济学和诗意的独特的交汇视角写作。这是关于在线创作社区动向的权威书籍。

   —— 纳特·弗里德曼（Nat Friedman），GitHub 前 CEO

2. 娜迪亚是当今对在线社区的深度和潜力观察得最细致入微的思想家之一。这本书的出版恰逢其时，因为互联网对我们彼此之间的连接方式的影响已经变得更加强烈。

   —— 德文·祖格尔（Devon Zuegel），前 GitHub 社区产品总监

3. 在信息丰富的时代，我们都是维护者。《开放式协作》从人类学的视角，对真实的开发者故事进行了深入研究，为我们提供了一种通过开源"镜头"提出新问题的方法。娜迪亚所关注的不仅是围绕着金钱、许可证和代码的问题，还有作为各种创造者的我们所有人。

   —— 亨利·朱（Henry Zhu），Babel 维护者

4. 《开放式协作》值得一读。现代软件开发者都会很感兴趣，无论是对编程新手还是使用了数百个开源软件包来支持私有代码的专业人士，本书中都有一些见解和示例可供借鉴。即使是对书中所说的对各类问题非常熟悉的开源维护者，也能获得更广泛的社区意识，以及如何使开源可持续的新想法。

   ——威廉·文森特（William Vincent），Django 软件基金会董事会成员

5. 《开放式协作》是一本引人入胜的书……我们需要重新思考众包的能力——并

认识到它可能比承诺的更有限。开源革命是在一些非常疲倦的人身上进行的。

——Wired 网站

6. 娜迪亚帮我们拓展了认知创作者、开源软件和经济的方式。任何好奇开源如何改变我们的工作方式、如何改变创作者的生活的人，都应该读这本书，并加入这场讨论。

——斯托米·彼得斯（Stormy Peters），GitHub 副总裁

7. 开源开放是大势所趋，没有开源就没有互联网的发展，没有开源就没有数字化转型。开源是手段，也是趋势，更是一种文化、一种创新的氛围。热烈祝贺本书的正式出版！

——周傲英，华东师范大学副校长

8. 这本书以广阔又深入的视角，呈现了开源世界正在发生的变迁。我们以为开源的本质是协作，娜迪亚说，"在过去的二十多年中，开源的发展莫名其妙地从依靠社区协作转变为依靠个人努力"；我们以为开源社区崇尚个人价值，娜迪亚说，"GitHub 在现代开发者中如此流行体现了便利战胜个人价值的经典技术故事"。文中许多有趣的洞见，是愉悦的阅读。

——周明辉，北京大学教授

9. 开源是一个新世界！这个世界新奇又有趣，现实又理想。与传统的以技术视角来看待开源不同，这本由娜迪亚所写、X-lab 开放实验室所翻译的书，以开源创作者的视角，来研究与探讨形成社区链接的各个角色相互之间的关系以及他们所共同形成的协作者模型。了解这个模型，对于大部分有志于参与开源社区贡献的开发者而言，是有益的。

——堵俊平，开放原子开源基金会 TOC 主席，华为计算开源业务总经理

10. 开源给我们打开了一扇门，在网络空间中链接起一群有共同目标的人，以一种不可思议的方式激发着每个人的创造力，创造出令人叹为观止的成就。这本书使我们在实现人生自我价值的道路上有很多启发。

——王永雷，新思科技开源治理专家，开源社成员

11. 开源让大家能够在一个公开的场所跨越时空和组织的边界进行协作。是怎样的一种"魔法"让大家在公开平台上进行有效的协同？开源项目是如何运作的？相关的角色与激励关系又是怎样的？开源项目的核心开发人员处于怎么样的工作状态？娜迪亚的这本《开放式协作》通过大量的访谈和细致入微的分析向我们展示了她对这一神奇的开源世界的观察与洞见。无论你是初识开源的爱好者，还是开源项目的亲历者，都可以从这本书中受益匪浅。

　　　　——姜宁，华为开源软件管理中心技术专家，Apache 软件基金会现任董事，ALC-Beijing 发起人

12. 人类曾经有过各种各样的协作形式，随着自由/开源软件的蓬勃发展，开放式协作也正在快速演进之中。在这样的演进过程中，创新与困惑总是相伴相生，乐观与悲观也会交替出现。本书就是这个领域的最新探索与全新洞见，特别推荐给所有对人类协作感兴趣的朋友。

　　　　——庄表伟，开源社理事，华为开源管理中心开源专家

13. 开源就是开放式协作，但是支撑这种开放式协作背后的原因是什么，又是如何组织的？本书是知名作家娜迪亚·埃格巴尔在完成业内非常有名的一篇报告《路与桥：数字基础设施背后的隐形劳动》（可能是开源软件经济学最具代表性的研究）之后，完成的又一部大作。该书聚焦于开源软件的开发和维护工作，介绍和分析了开源软件社区工作中的角色、激励、组织等。她说："开源构成了数字基础设施的支撑，理解基础设施的维护成本是了解如何观照我们的数字未来的关键。"这本书出版于 2020 年 7 月，王伟老师团队慧眼识珠，把这本书翻译成中文带给国内开源爱好者，有助于国内开源相关工作者了解开源软件社区背后运作的机制、角色、工具和平台等，是非常有价值的工作。

　　　　——谭中意，开放原子开源基金会 TOC 副主席，Apache 软件基金会成员

14. 开源软件经历近四十年的发展，很多深层次问题开始显现，理想的开源模式与现实的开源项目之间出现巨大的脱节——很多开源项目背后根本没有社

区,只有个人的努力,孤军奋战的维护者们倍受经济回报和质量保障的压力;开源项目面临着大量的长尾贡献,有近一半的贡献者仅贡献了一次,这又给维护者们带来大量的协调管理工作;等等。如今,开源模式已进入呼唤新思想、新变革、新机制、新发展的新阶段,而这本书正是难得的探讨这些开源模式深层次问题的好书,从引言开始便充满思想性和启发性,值得一读。

——包云岗,中科院计算所副所长

15. 近几年,开源在国内的关注度得到了前所未有的提升,从开发者群体进入到了更广阔的视线范围之内。也有越来越多的人在关注,开源到底是什么,我们应该怎样去发展开源。本书通过软件开发的视角,以自身实践开源的所思所想为主线,深入浅出地抛出了很多观点。有一点非常认同:开源和开放式协作有紧密的联系,是个人创作、行为模式和文化思想的综合体,"就像橡皮泥一样将它们揉在一起"。《开放式协作》是一本非常值得阅读的开源书籍。感谢 X-lab 开放实验室将本书翻译成中文以飨读者。

——杨丽蕴,中国电子技术标准化研究院研究室主任

Translator's Preface
译者序

第一次接触 *Working in Public* 这本书是在一个国内的开源共读群里。当时有开源"布道师"热烈推荐,而书名也一下子就吸引了我们。于是开始组织实验室的老师和同学们于 2021 年的暑假,在 B 站上开展了一轮公开共读与分享的活动,吸引了不少国内的开源爱好者围观。

在经过了解、越发体会到这本书的价值后,我们萌生了翻译这本书的想法。几番周折,最终由华东师范大学出版社获得了本书的中文版权,我们的翻译之旅也随之启程。开源作为我们实验室的一个主要研究方向,书中的话题深深地吸引着我们,而整本书的翻译过程也是十分新颖的,我们采取了一种异步协作的模式,也在中西表达模式的不同中学习到了不少翻译小技巧。

在我们组织翻译的同时,2022 年初,X-lab 开放实验室联合开源社共同发起了 ONES Group 工作组,继续实践"开源治理、国际接轨、社区发展"的宗旨。随着全球数字化的不断深入,开源也开始走向大众化。提高全球对开源的认识、促进各方(包括企业、政府、高校等)对开源的结构化和专业化管理、帮助公司和公共机构发现和理解开源、帮助所有人在整个开源生态中受益等,是我们通过开源连接到一起的初心:Openness(开放),Networking(连接),Equality(对等),Sharing(分享)。

著名的"马斯洛的需求层次理论"是亚伯拉罕·马斯洛(Abraham Maslow)在其 1954 年出版的著作《动机与人格》(*Motivation and Personality*)当中第一次完整阐述的。这个框架很容易通过跨学科的方式(如社会学、心理学、管理学等)引起人们的共识,凡是涉及人和组织的地方亦是如此,开源也不例外。在 ONES Group 的推动下,我们参照 Linux 基金会旗下的 TODO Group 及欧盟的 OW2 组织,设计了"开源善治"的总体框架,希望能够给在国内所有企业、社区、高校、基金会等组织机构中与开源事务相关的人士作参考,共同推动全球化的开源生态的建设。

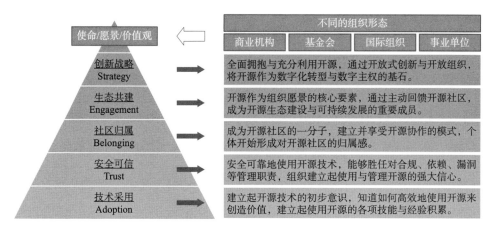

	不同的组织形态			
使命/愿景/价值观 ⇦	商业机构	基金会	国际组织	事业单位
创新战略 Strategy	全面拥抱与充分利用开源,通过开放式创新与开放组织,将开源作为数字化转型与数字主权的基石。			
生态共建 Engagement	开源作为组织愿景的核心要素,通过主动回馈开源社区,成为开源生态建设与可持续发展的重要成员。			
社区归属 Belonging	成为开源社区的一分子,建立并享受开源协作的模式,个体开始形成对开源社区的归属感。			
安全可信 Trust	安全可靠地使用开源技术,能够胜任对合规、依赖、漏洞等管理职责,组织建立起使用与管理开源的强大信心。			
技术采用 Adoption	建立起开源技术的初步意识,知道如何高效地使用开源来创造价值,建立起使用开源的各项技能与经验积累。			

"开源善治"框架

娜迪亚的这部作品也同样反映了上述理念。全书主要从开源项目的生产与维护两大视角进行阐述,特别关注了开源项目和社区背后的贡献者。通过非常多样性的实例与调研,讲述了开源背后的快乐以及辛苦。正如审校者之一的赵生宇博士在他的一篇博客标题中所主张的那样:开放协作的世界里,每一份贡献都值得回报。

这是一本难得的从社会学、经济学、心理学等不同层面分析开源项目与社区背后的现象,进而总结相关原理的作品。实际上,在这本书之前,娜迪亚的另外一部作品《路与桥:数字基础设施背后的隐形劳动》也很早被圈内的开源人士所熟知。正如娜迪亚所主张的,数字基础设施应被视为一种必须的公共品,自由而免费的公共源代码,不仅使企业与组织构建软件的成本呈指数级降低,还使技术在全球范围内更容易获取。然而,这些伟大工作的背后,则主要是由开源社区的志愿者所共同创建与维护的,他们这样做是为了建立自己的声誉,出于责任感,或者仅仅是出于爱心与兴趣。

两部作品中,娜迪亚都在不断地强调,开发者与社区志愿者的长期激励和补偿方案没有得到足够的重视,那些获得价值回报的开发者因此认为自己是"幸运的"。当前数字基础设施的商业模式包括来自公司或个人的"赏金"、赞助或捐赠。尽管基金会、学术界和企业等机构在支持数字基础设施方面做出了一些努力，但还远远不够，尤其是公司还没有主动投身进来，参与这场全球性的公共基础设施开发协作。

由于开源依赖于人力而非财力资源，因此仅靠金钱并不能解决所有问题。我们需要的是对开源文化有细致入微的理解，以及管理（治理）而不是操控数字基础设施的方法。娜迪亚建议的资助和支持数字基础设施的措施包括：去中心化、主动与现有开源社区合作并提供长期和全面的支持、提高对数字基础设施挑战的认识、让组织机构更容易贡献时间和金钱、扩大并多样化开源贡献者群体、制定跨基础设施项目的最佳实践和政策等，这些都将大大有助于建立一个健康和可持续的开源生态系统。

本书的初稿翻译工作由来自华东师范大学数据科学与工程学院的在读博士生夏小雅牵头，翻译团队成员包括承担主要翻译工作的顾业鸣、杨鸣、朱香宁，以及参与部分翻译工作的何莹、徐涣、赵景元、郝斯尘、李为公、陆长权。在初稿完成后，我们自觉专业程度与水平还不够，于是邀请开源社的一众拥有不同企业背景的开源专业人士帮我们进行审校，并很快得到答复。开源社是 X-lab 开放实验室的长期战略合作伙伴，他们中参与整个审校工作的专业人士包括：庄表伟（第 1 章、第 5 章）、姜宁（第 2 章、第 3 章）、陈阳（第 4 章、第 5 章）、赵生宇（第 1 章、第 4 章）、王永雷（第 2 章、第 3 章）。

在经历过 2022 年新一轮的疫情之后，我们终于将这本科普式的专业书籍译稿交付给了出版社，如释重负，需要感谢的人太多。因为作者的语言习惯，翻译团队在 2021 年开始分工的时候，普遍感觉翻译难度较大。其间我们组织了多次研讨会，统一了整体翻译风格与相关术语。进入到专家审校阶段后，由于时间和地理位置分布的原因，我们采取了全线上异步协作的模式，将开源协同的那套工作方式应用到书籍翻译的过程中，颇为成功。开源共创的文化与精神再次得到了体现。进入到出版阶段，华东师范大学出版社同样也给予了我们巨大的支持，在此表示衷心的感谢。

谨以此书献给我们热爱的开源事业！

X-lab 开放实验室

2022 年 10 月

Author's recommendation Preface
作者推荐序

当我在 GitHub 工作时,还记得那是 2018 年,我们正在为即将发布的 Octoverse 报告(GitHub 对其平台上新兴趋势的年度报告)整理文案。我和数据团队的人坐在会议室里,看着同事在白板上画图。那是一张粗略的草图,展示了当年亚洲与其他地区的用户增长情况,各种颜色的线条代表世界各地的非亚洲地区,然后我的同事为亚洲画了一条线,那条标记线贯穿了整个白板。

那一年,亚洲创建的开源项目比包括美国在内的世界其他任何地方都多。中国成为全球第二大 GitHub 最受开源贡献者欢迎的国家。[①] 自 2014 年以来,GitHub 的亚洲开源贡献者数量创历史新高,2017—2018 年贡献者增长超过所有其他地区。截至 2019 年,GitHub 上近三分之一的亚洲开发者来自中国。[②]

众所周知,开源文化以西方为中心,但亚洲的区域增长表明开源的中心正在迅速转移。在《开放式协作》的开篇中,我有提到,我的观察主要针对居住在美国、欧洲和澳大利亚的开发者。我提到这一点是为了使本书中谈到的现象不至于过时,因为在写作和研究过程中,我意识到我们现在所认识的开源会在未来几年发生变化。

正如开源项目不再像 2000 年代初那样,它们也不一定像我们在西方国家看到的那样。当我在 2018 年研究其中一些趋势时发现,中国的开源开发者的行为与西方国家明显不同。中国的开发者在 GitHub 上显著地**创建**和**使用**开源项目,

---

① The State of Octoverse 2018. ［EB/OL］. ［2022 - 04 - 13］. https://octoverse. github. com/2018/people♯location.
② The State of Octoverse 2019. ［EB/OL］. ［2022 - 04 - 13］. https://octoverse. github. com/2019/♯regions.

但他们似乎更踟蹰于为他人的代码仓库做贡献。

开源文化历来强调**活跃贡献者**或深度参与开源项目的开发者的作用。但正如第 3 章所述,开源项目中有多种角色——包括维护者、活跃贡献者和用户。随着越来越多的开发者在亚洲发起、发展和维护开源项目,其中一些项目可能活跃贡献者会很少,而用户更多——正如我在第 2 章中描述的"体育场"模型——这些差异不仅受到技术决策和领导风格的影响,还会受到地域的影响。

软件发展的速度很快。这种感觉很奇妙,即使我刚刚才写完《开放式协作》,但开源历史的全新篇章才刚刚展开。我十分荣幸能够与世界上发展最快地区之一的开发者分享我所学到的知识。随着本书的读者扩展到全球,我希望本书中的思想和概念能帮助我们描述开源新时代的篇章。

娜迪亚·埃格巴尔(Nadia Eghbal)

2021. 10. 10

Contents
目 录

引 言

直到最近，人们仍认为，信息是很有用的，并且信息越多越好。如果思想的自由交流构成了繁荣社会的基础，那么我们在道德上有义务使更多的人彼此联系。

这种开放的精神持续了超过 200 年。我们倡导识字和教育的价值。我们修建了道路、桥梁和公路，将从前各自独立的社区汇聚在一起。我们对新的千禧年充满了向往。

因此，在 20 世纪末，当互联网开始从萌芽转变为肆意生长，它携带了人们和谐一致地迷恋于永无止境地传播知识的所有特质。万维网的发明者蒂姆·伯纳斯-李(Tim Berners-Lee)在给孵化他项目的欧洲粒子物理实验室——欧洲核子研究中心(CERN)最初的提议中，设想了一个"可以繁衍和生长的信息池"[1]。他写道："为了使之成为可能，存储的方式一定不能对信息加以限制。"将他的提议作为蓝图，技术人员建立了一个规模超过了我们在物理领域中可以想象的亚历山大图书馆，将世界各地的人们及其思想紧密地联系在一起。

然后我们遇到了障碍。生活中突然之间充斥了大量的信息，太多的通知使我们希望减少查看它们的次数；太多的社交互动使我们希望减少在线发帖的频率；太多的电子邮件使我们不想回复。实际上，我们之间正在互相 DDoS：这是一个全称为"分布式拒绝服务攻击"的术语，指恶意行为者通过巨大的流量来淹没被攻击目标，从而使受害者丧失服务能力。我们的在线公共生活变得难以应付，导致我们许多人缩回到了私人领域。

在开源软件的世界中，也发生着类似的故事。"开源"作为一个几乎与"公共协作"同义的术语，其开发者(编写和发布任何人都可以使用的代码的人)却经常对入站请求数量感到不堪重负。

在采访了数百名开源开发者并研究了他们的项目之后，我在福特基金会 2016 年的一份报告中总结了这个问题，报告题为"路与桥：数字基础设施背后的隐形劳动"[2]。然后我开始尝试着手解决这个问题。

我的大部分压力测试都发生在 2016 年至 2018 年，当时我正在努力改善 GitHub 的开源开发者体验。GitHub 是一家为开源项目提供托管服务的公司。作为一个大多数开源软件在其之上构建的平台，GitHub 是理想的学习场所。这期间我遇到了更多开发者，也参与了更多项目，让我不得不切实考虑解决方案。

在这过程中，不乏一些言辞与现实相悖的情况出现，这往往令我感到羞愧。

毫无疑问，许多开源开发者都缺乏支持。我的收件箱中充斥着渴望分享他们的故事的、来自开源领域的人们的电子邮件。但是困难的是如何确定他们的真实需求。

最初，我的探索重点是资金的缺乏。尽管产生了数万亿美元的经济价值，但许多开源开发者并不直接从开源工作中获得报酬。在缺乏额外的声誉或经济利益的情况下，维护供公众使用的代码很快就变成了他们难以推辞的无薪工作。

但随着这些年来对开发者故事的追踪，我注意到金钱只是问题的一部分。一些开发者在没有金钱补偿的情况下，巧妙地处理了用户的需求。而一些有偿开源开发者似乎也在经历着同样奇怪的行为过程，但这种行为过程在为雇主编写"专有"或私有代码的人员中似乎不那么普遍。

这个过程看起来是这样的：开源开发者公开编写和发布他们的代码。他们在聚光灯下度过了几个月甚至几年的时光。但是，最终人气下降导致收益递减。如果维护代码的价值未能超过回报，那么这些开发者中的许多人就会悄悄地退回到阴影中。

受雇于私人公司的开发人员主要与同事合作。在公开平台上编写代码的开发人员必须切切实实与成千上万的陌生人一起工作，因为任何可以接入互联网并关心这个项目的人都可以对其代码发表评论。缺乏奖励也许是激励错位的症状，但是上述不可避免的开发者流失的过程似乎有更深层次的暗示。

当今默认的假设是，面对不断增长的需求，一个软件项目的开源"维护者"（用于指代软件项目的主要开发者）需要找到更多的贡献者。人们通常认为开源软件是由社区构建的，这意味着任何人都可以参与其中，从而分散工作负担。从表面上看，这似乎是正确的解决方案，尤其是因为它看起来很容易实现。如果一个独立的维护者对他的工作量感到筋疲力尽，那么他应该让更多的开发者参与进来。

如今，有无数旨在帮助更多开发者为开源项目做出贡献的计划。这些尝试被广泛拥护为"对开源有益"，并且通常是通过利用公众的善意来实现的。

但是，在与维护者私下交谈时，我发现这些举措经常使他们焦虑不安，因为此类举措通常会吸引低质量的贡献。而这给维护者带来了更多的工作。毕竟，所有贡献都必须经过审核后才能被接受。维护人员经常缺乏将这些贡献者带入"贡献者社区"的基础设施；在许多情况下，项目背后根本没有社区，只有个人的努力。

在与维护者的对话中，我听到他们表达了一种真正意义上的矛盾：他们既希望鼓励新人参与开源工作，又感到无法亲自承担这项工作。维护者根本就没有精力去使每一个表现出一时的兴趣的人都参与其中。许多人告诉我，他们常常为那些对开源项目摇摆不定而最终没有留下来成为贡献者的人感到沮丧。维护者们细数了那些表达了兴趣的人，其中很多甚至在提交第一次贡献之前就消失了。

我开始发现问题不是没有人愿意为开源项目做贡献，而是有太多的贡献者，或者说，他们是错误的那一类贡献者。开源是公开的，但它不一定需要人人参与：维护者可能在过度需求下屈服。

一项研究发现，在使用各种编程语言的 275 个流行的 GitHub 项目中，有近一半的贡献者仅贡献了一次。这些贡献者占据了总提交或总贡献的不到 2％。[3] 使"贡献者社区"这一概念受到质疑的，并不是只有一小部分开发者对项目做出了有意义的贡献，而是通常情况下成百上千的贡献者只能对项目做出微小的实质性贡献。

Bootstrap 在 2017 年的贡献者，根据提交次数进行绘制

我意识到，我们所认为的开源工作方式与开源工作的实际开展之间存在巨大的脱节。开源项目中存在一个极长且还在不断增长的长尾，这些项目并不符合典型的协作模型。这样的项目包括 Bootstrap，它是一种流行的设计框架，大

约有 20％的网站基于它而运行，[4] 此项目中的三位开发人员承担了 73％的代码提交。*[5] 另一个例子是 Godot，一个用于制作游戏的软件框架，此项目中的两名开发人员每周对项目中出现的 120 多个问题做出回应。†[6]

这种一个或几个开发者完成大部分工作，其后是大量的临时贡献者以及更多的被动用户的社区分布在开源中并不是例外，现在已经成为一种常态。从维护者的角度来看，在未解决的杂乱无章的问题中，他们悄悄地守护自己的代码，这个世界看起来不像是早期互联网先驱拥护的乌托邦理想，即陌生人之间的大规模合作。如果有什么不同的话，它看起来与这些早期倡导者的预测完全相反。一项研究发现，在研究人员所调查的 GitHub 上 85％的开源项目中，不到 5％的开发人员负责超过 95％的代码编写工作和社区互动。[7] 在他们的报告中，研究者们注意到了一种令人困惑的"已建立的理论与广泛观察到的经验效应之间的不匹配"。

这些数字看起来似乎敲响了警铃，但这仅仅是因为它们不符合大众的期望。我们假设开源项目需要不断壮大的贡献者社区才能生存。这里有一个术语叫"巴士系数"，指项目的健康程度可以通过度量"有多少个开发者被公交车撞了会使得项目陷入困境"来表示。

但这种表达不再适用于描述有多少个开源项目在运作（译者注：有多少个开源组件停滞会导致一个项目陷入困境）。鉴于如今软件开发者通常会依靠数百个开源项目来编写代码，因此不可避免地，他们只能被动依赖于这些项目。

对开源的期望本来应该是一种协作努力，因此最终孤军奋战的维护者们感到不知所措，甚至担心没有人露面是否是因为他们做错了什么。但是，如果我们从"一切本应如此"的前提开始呢？我决定重新审视诊断的方式，把这些症状作为一个起点，而不是使用我们拥有的唯一处方——更多的参与。

就像当今其他类型的在线内容一样，代码也趋向于模块化：它是由一个个小库组成的千层蛋糕，而不是一个笨拙的大型果冻模具。如今，开发者可以轻松地在线发布一些代码以供公众使用，就像其他创作者发现并使用他们的代码一样容易。但是，就像推文很容易阅读和转发，而不需要标明作者信息一样，代码也很容易被复制粘贴，同时无需知道它们的来源。

npm 生态系统（据其母公司估计，该系统构成了当今现代网络应用程序中

97％的代码）为未来提供了一些线索。[8] npm 全称为"Node 包管理器"（Node Package Manager），它是 JavaScript 开发者通常用于安装和管理软件包或库的平台（库是其他开发者可以使用的预先编写的代码包，而不必从头开始编写相同的代码。合法使用其他人的代码的能力使现代软件开发者可以更快、更高效地工作）。

与传统的大型整体软件项目和围绕它们所兴起的繁荣社区相反，npm 软件包的设计是小型且模块化的，这导致每个项目只需要更少的维护者，而且维护者与他们编写的代码形成暂时的关系。从这个角度来看，当今贡献者缺乏反映的是对不断变化的环境状况的适应，其中维护者、贡献者和用户之间的关系更轻松，更易处理。

当与新手和临时贡献者讨论他们的经历时，我发现他们的故事与维护者的一样具有启发性。临时贡献者经常意识到他们对项目背后发生的事情了解甚少。但更重要的是，他们也不想花时间熟悉项目的目标、规划和贡献过程。这些开发者主要将自己视为项目的用户。他们不认为自己是"贡献者社区"的一部分。

维护者的角色正在演变。维护者不再仅是对一组开发者进行协调，而是承担一种内容筛选工作，需要从那些争夺其注意力的频繁交互——如用户问题、错误报告和功能请求——的噪音中筛选出有价值的信息。

在有限的时间和精力下，单个维护者需要在被动任务（社区交互）与主动任务（编写代码）之间取得平衡。维护者还依赖于平台（即 GitHub）和工具（例如可以帮助管理问题、通知和代码质量的 bot）来跟上他们的工作。

如今，维护者面临的问题不是如何吸引更多的贡献者，而是如何管理大量的频繁、低接触的交互。这些开发者并不是在构建社区，而是在指挥空中交通。

开源参与度的大幅提升并没有限制访问代码的途径。使用开源代码的开发者数量呈指数增长。2001 年，SourceForge 是占主导地位的代码托管平台，那时候只有 200000 个用户。[9] 之后，作为继任者的 GitHub 拥有超过 4 千万的注册用户；而在过去两年中，这个数字几乎翻了一番。[10]

信息量大，并且唾手可得，这是数字时代最重要的胜利之一。更重要的是，不是因为过多的代码消费，而是因为用户的过多参与在抢占维护者的注意力，才使得当今的维护工作难以进行。

虽然这个开发者孤军奋战来为用户做事情的世界似乎与开源的故事有明显的偏差,但它跟更广泛的在线世界并没有什么不同。在线世界越来越多地由个人建立,而不仅仅是社区。‡ 就像一位 Reddit 用户观察到的:

> 如果你在亚马逊上阅读评论,则主要在阅读由格雷迪·哈普(Grady Harp)等人撰写的评论。如果你阅读维基百科,则主要是阅读贾斯汀·纳普(Justin Knapp)等人撰写的文章……还有,如果你阅读 YouTube 评论,则主要是阅读贾斯汀·杨(Justin Young)之类的人发表的评论。你在互联网上消费任何内容,其实主要是在消费由于某些原因而花费大量时间和精力在互联网上的人创建的内容。这些人显然在某些重要的方面和一般人群有所不同。[11]

作为开发者也是同理,如果你使用命令行工具 cURL,则用的是丹尼尔·斯坦伯格(Daniel Stenberg)编写的代码;如果你使用命令行界面 bash,则用的是切特·拉米(Chet Ramey)维护的代码;如果你使用 npm,则使用的是辛德勒·索尔许斯(Sindre Sorhus)和 Substack 公司编写的软件包;如果你使用 Python 的包管理工具,则使用的是唐纳德·斯塔夫特(Donald Stufft)维护的代码。

与任何其他创作者一样,这些开发者创作的作品与用户交织在一起,同时受到用户的影响。但他们的协作方式和我们通常认为的在线社区的协作方式有所不同。

相比于论坛或 Facebook 群组的用户,GitHub 的开源开发者更类似于 Twitter、Instagram、YouTube 或 Twitch 上的个体创作者。这些创作者必须找到某种方法来管理与广泛且快速增长的受众群体的互动交流。正如流行文化评论家马克·费雪(Mark Fisher)所说的那样,取代了传统的面对面交流,创作者的受众如今面对的是一个舞台。

和其他创作者一样,开源开发者也在创作可以给公众消费的制品。他们也需要处理拥挤的收件箱,管理他们有限的注意力并依赖于热情的支持者。与其他创作者一样,开源开发者也非常依赖平台来分发其作品。作为封闭的经济体,这些平台还肩负着帮助创作者提高声誉,并且捕捉他们创作内容价值的责任。

早期互联网活动的特点是大规模、分散的在线社区:邮件列表,在线论坛,会员群组。这些社区如同一个个村庄集群,每个村庄都有自己的文化、历史和规范。

社交平台将所有这些社区聚集到了一起,就像橡皮泥一样将它们揉在一起。在这个过程中,我们制作和消费内容的方式被潜移默化地改变了。创作者如今可以接触到更多的潜在观众,但是这些关系是短暂的、片面的,而且常常是压倒性的。

克里斯汀·鲁佩尼安(Kristen Roupenian)在《纽约客》(*New Yorker*)发表的短篇小说《猫人》(*Cat Person*)广为传播之后,回顾了自己的经历,并描述了当时的心情:

> 我渐渐接近一种状态,描述这个状态的词语可能听起来很戏剧性,它叫做"摧毁"(annihilating)。我和所有思考和谈论我的人面对面,这种感觉就像独自站在体育场中心,而成千上万的人正在对着我放声尖叫。不是为了我尖叫,而是瞄准了我。有些人可能会觉得这样令人振奋。但我不会。[13]

在创作者的世界中,开源开发者是一个非常有趣的子集。从经济角度看,代码类似于其他形式的内容。就像书籍或视频一样,代码只是一堆信息,打包起来可以分发。当然它的角色更接近于实用主义。

尽管社交媒体、新闻和娱乐都在我们的生活中扮演着至关重要的公共角色,但我们直接依靠开源代码来保持电话、笔记本电脑、汽车、银行和医院的平稳运行。如果 YouTube 视频出现故障,我们可能仅仅为失去有价值的信息而叹息,但是如果一个开源项目出现故障,它甚至会破坏整个互联网(我们将在第 4 章中看到)。

正因为此,与其他类型的创作者相比,我们审视开源开发者的行为会牵引出一系列基本的经济问题。更方便的是,开源开发者在完全公开的视野下工作,从而使他们的故事更易于被研究。

开源一直是其他在线行为的先锋。在 20 世纪 90 年代后期,开源种下了大规模协作的希望火种,被称作为"同行生产"(peer production)。开源软件实际上也开始超过了商业软件,因此经济学家认为这些开发者已经实现了不可想象的目标。随着互联网从萌芽状态继续向前发展,世界似乎确实有可能最终由自组织社区驱动。

但是在过去的 20 年中,开源的发展莫名其妙地从依靠社区协作转变为依靠个人努力。尽管使用开源代码的人比以往任何时候都多,但其开发者却无法捕捉到他们创造的经济价值——重新审视这个悖论同样是件十分有趣的事情。

通过研究开源从"小型互联网"到"大型互联网"的过渡,我们可以更好地、更广泛地了解在线创作者的情况。我们仍在试图将个人创作者的崛起与报纸、书籍出版商和人才中介的衰落联系在一起——公司不再是变革的主要推动主体。作为一个案例研究,开源可以帮助我们理解为什么我们的网络世界没有像早期学者所预测的那样发展,以及我们的经济如何围绕个人创作者及其建立的平台进行自我调整。

如果创作者(而不是社区)准备成为我们在线社交系统的中心,那么我们需要对他们的工作方式有更好的了解。在当今有 45 亿人在线的世界中,一个人的作用是什么? 这些创作者如何塑造我们的品味,以及当热度逐渐消减后,我们如何保护、鼓励和奖励这种工作? 平台又是如何帮助或阻碍这种工作的?

---

* 对于 2017 年的贡献来说确实如此。

† 该数据收集于 2017 年 8 月 29 日至 2018 年 8 月 29 日之间。

‡ 甚至 Wikipedia(维基百科),世界上最大的在线百科全书、大规模合作的典范例子也是如此。史蒂文·普鲁特(Steven Pruitt)自愿编辑了该网站上所有英语文章的三分之一。[12]

第一部分
人们怎样生产

Part I

01
GitHub 开源平台

本书通过讲述开源的故事，试图厘清并扩展"在线"在当今的真实内涵。通过开源，个体开发者编写的代码可以被数百万人使用。这些个体开发者们的工作并不是要最大程度地参与，与之相反，他们的工作可以被定义为：需要过滤和策划大量的互动。我试图解释为什么会出现这种情况，以及平台是如何将焦点从在线社区转移到独立创造者身上的。

当我探讨这个主题时，我将主要关注使用 GitHub 的开发者。* 这并不是在贬低 GitHub 之外的平台的开源价值，也不是在暗示开源只能在单一平台上开发，或者不应该存在迁移到其他平台的机会。我主要写的是个人经历，而不是机构或公司参与者在开源中的角色——这是一个不同的、复杂的主题，值得单独写一本书。

开源在保持独立于任何专有软件、工具或平台方面有着悠久而丰富的历史。开源的故事比 GitHub 早了 20 多年。在很大程度上，开源缺乏标准工具是有意为之的：开发者喜欢选择，他们希望可以选择自己最喜欢的工具来工作。

GitHub 对开源产生了巨大的影响。它冲破了自由和开源软件所在建筑的屋顶，落在建筑内的长凳上，压碎了下面的一切。

虽然没有要求开发者必须使用 GitHub 来编写开源软件，但 GitHub 是目前占主导地位的代码托管平台。事实上，大多数开源开发者现在使用 GitHub 不仅仅代表了个人品味的转变，也意味着开发者文化的转变。

平台和它们的创造者之间的关系，对于讨论我们的网络世界如何改变是至关重要的。而且，因为 GitHub 是开源领域的主流平台，如果不讨论平台上所提供的服务，以及在平台上使用并受益于这些服务的开发者，就无法理解平台与创造者之间的关系。

代码自由

在实际托管代码的平台出现之前，大多数开放源代码都以"tarball"（以 .tar 文件命名，它将文件打包在一起）的形式发布在一些自托管的独立网站上。开发者使用邮件列表进行沟通和协作。每个项目对其贡献的管理都略有不同。如果开发者想要做出贡献，他们就像来到另一个国家一样，必须首先了解每个平台的风俗习惯。

开发者使用版本控制来跟踪和同步他们的更改，当有多个人（其中许多人是陌生人）在世界各地不同的时区编写相同的代码时，这一点就变得尤其重要。因此，如果小明和小红对同一行代码进行了更改，版本控制将帮助开发者协调这些差异，并在不破坏任何代码的情况下保持井井有条。

但是现在最流行的版本控制系统 Git 直到 2005 年才发布。在此之前，开发者主要使用集中式版本控制系统，如 Subversion 或 CVS（如果他们使用版本控制的话）。这些系统不是为去中心化的大规模协作而设计的。

在集中式版本控制下，开发者必须将代码提交回相同的服务器，但在分布式版本控制下，每个人都可以分别处理自己的代码副本，然后再将更改的内容与其他人同步。Git（以及几乎同时发布的竞争性系统 Mercurial）是第一个成为主流的分布式版本控制系统，这在技术层面上使得开发者可以独立地工作。

然而，即使在 Git 发布之后，仍然没有一个标准化的开发工作流程。在某种程度上，早期的自由软件和开源软件的开发者喜欢这种工具、习惯和过程之间的不和谐，因为这意味着没有一个工具主宰这个领域，没有人能够完全抓住开发者的注意力。

理查德·斯托曼（Richard Stallman）是发起自由软件运动的 MIT 黑客。他受到鼓舞去发起 GNU 项目——一个自由软件操作系统。缘由于 1983 年，他在麻省理工学院人工智能实验室试图定制施乐打印机时，发现无法访问或修改其源代码。

斯托曼想把代码从私有使用中解放出来。术语“free”指的是能够使用代码做你想做的事情，而不是指代码是免费的。（因此，人们经常重复斯托曼所说的话“Free 是指自由，而不是指免费的啤酒”，以及偶尔使用西班牙语单词 *libre*，而不是 *gratis*，来指自由软件，以区分这两种含义）[15]

描述出代码自由对于自由软件开发者的重要性是件艰难的事情。非营利性组织软件自由保护协会（Software Freedom Conservancy，SFC）的负责人布拉德利·库恩（Bradley Kuhn）将他的生活方式比作素食主义者。就像素食者不吃肉一样，布拉德利也不使用专有软件。[16] 这意味着不使用 Twitter、Medium、YouTube 或 GitHub 等网站。代码在此处好比是家畜，需要从人类手中解放出来，即使是以牺牲个人便利为代价。

因此，编写自由软件就是要摆脱通常困扰商业软件环境的种种限制。自由软件是反主流文化，正好与那个时代蓬勃发展的黑客文化相一致。

"黑客"这个词是由作家史蒂文·利维（Steven Levy）普及的，他在《黑客：计算机革命的英雄》（*Hackers：Heroes of the Computer Revolution*）一书中描绘了 20 世纪 80 年代的黑客一代，令人印象深刻。在《黑客》一书中，利维介绍了当时许多著名的程序员，包括比尔·盖茨（Bill Gates）、史蒂夫·乔布斯（Steve Jobs）、史蒂夫·沃兹尼亚克（Steve Wozniak）和理查德·斯托曼。他认为黑客相信共享、开放和去中心化，他称之为"黑客伦理"。[17] 根据利维的描述，黑客关心改善世界，但不相信遵循规则就能达到目的。

黑客的特点是虚张声势、表现欲强、爱恶作剧和对权威的极度不信任。黑客文化今天依然存在，就像垮掉的一代、嬉皮士仍然存在一样，但黑客不再像过去那样抓住软件文化的时代精神。如今，黑客一代的接班人可能是密码破译人员和涉猎信息安全的人。

尽管利维在他的书中并没有只关注自由和开源的开发者，但是 20 世纪 80 年代和 90 年代的黑客文化与早期的自由和开源软件紧密相连，正如三位领导者：理查德·斯托曼、埃里克·S.雷蒙德（Eric S. Raymond）和莱纳斯·托瓦兹（Linus Torvalds）所证实的那样。

理查德·斯托曼（也被称为 RMS）是 20 世纪 80 年代在麻省理工学院发起自由软件运动的黑客。埃里克·S.雷蒙德（也被称为 ESR）在 20 世纪 90 年代将自由软件重塑为"开源"，他被视为早期开源的非官方人类学家。莱纳斯·托瓦兹则是一个在 1991 年创建了 Linux，一个驱动当今许多操作系统的开源内核，以及在 2005 年创造了 Git 的程序员。前一个项目成为早期大规模合作的典范，而后一个项目无意中（也许让托瓦兹懊恼）催生了 GitHub。†

如果自由软件是一种意识形态，那么斯托曼就是它的忠实信徒、衣衫不齐的传道者。我曾经听人这样描述他："那个穿着夏威夷长袍、拎着塑料购物袋去上课的人。"他以坚持区分"自由软件"和"开源软件"而闻名；他对植物有一种奇怪的恐惧；他还不请自来地出席演讲，就自由软件的一些小问题向不情愿回答他问题的讲师提问。

　　埃里克·S.雷蒙德是拥护"开源"这个术语的一群程序员中的一员,他们希望与自由软件的意识形态定位保持距离,并使开源这个想法看起来更有利于商业。他在 1997 年发表的一篇文章《大教堂和集市:一个偶然的革命者对 Linux 和开源的思考》(*The Cathedral and the Bazaar:Musings on Linux and Open Source by an Accidental Revolutionary*)中对开源软件的好处给出了令人信服的解释。这篇文章认为,比起被限制在一个更小的开发团队中(就像一个"大教堂"),当更多开发者参与到软件的开发过程中(就像一个"集市")时,开发者会发现更多的软件 bug。第二年,雷蒙德和一群志趣相投的开发者组成了开放源代码促进会(Open Source Initiative),开始宣传他们的想法。‡

　　除了写关于开源软件的内容,雷蒙德还写一些个人文章,并形成了一个极具辨识度的 ESR 品牌。他因出版《极客性爱小贴士》(*Sex Tips for Geeks*)而臭名昭著,这是一本关于泡妞和床上功夫的文章集。[19]自称"枪支狂人"和自由主义者,雷蒙德还写了一些关于枪支所有权的文章,这些文章被收集在"埃里克的枪支狂人页面"上。[20]

　　这三人中的最后一个是莱纳斯·托瓦兹,他在很多方面都很出名,但最臭名昭著的可能是他鲁莽的交流风格,以及他对开源项目的铁腕控制。托瓦兹的邮件列表中充满了咒骂,有时全用大写。2012 年,他在阿尔托大学做了一次演讲。当被问及英伟达缺乏对 Linux 的支持时[英伟达是图形处理单元(GPUs)的制造商],他转向摄像头,竖起中指,咆哮道:"英伟达,去你的!"[21]

　　不仅仅是沟通技巧,托瓦兹的管理风格也使他声名狼藉。雷蒙德在他其中一篇文章中称这种风格为"仁慈的独裁者"[23],后来被 Python 编程语言的作者吉多·范罗苏姆(Guido van Rossum)改编为更著名的短语"一生仁慈的独裁者",用来描述即使在项目发展过程中仍然保持控制权的开源项目作者。尽管 Linux 基金会报告说,自 2005 年以来,Linux 内核的贡献者已经超过了 14 000 人,[24]但托瓦兹仍然是唯一一个被允许将这些贡献合并到主项目中的人。[25]

　　尽管不乏令人难忘的黑客人物,但自由和早期的开源精神也被一些不受关注的人们所定义。在我最早与自由软件运动的一位杰出成员(我不愿透露其姓名)的一次谈话中,他对开源与开发它的开发者有任何关系的观点都会愤怒地吐槽。他告诉我,代码是"无政府主义的"和"不可触及的",它必须能够在个人欲望或需要支付租金以外独立生存。他说："它需要成为一种任何人都无法夺走的东西。""系统才是重要的。如果一个开发者离开了,另一个开发者就会介入并维护它。"代码的自由也延伸到编写代码的人的自由。

卡尔·福格尔(Karl Fogel)是流行版本控制系统 Subversion(Git 的集中式前身)的合著者,[§] 他对这一观点表示赞同:

> 当我们说"那是我的自行车"或者"那是我的鞋子"时,我们的意思是我们拥有它们。我们对我们的自行车有最终决定权。但是当我们说"那是我的父亲"或"我的妹妹"时,我们的意思是我们和他们有联系。很明显我们并没有拥有他们。在开源中,你只能在关联意义上说"我的"。在开源中没有所有格意义上的"我的"。[26]

因此,可以理解为什么许多开发者对将代码绑定到特定平台的想法感到愤怒。鉴于开源的意识形态根源在于将代码从私有控制中"解放"出来,许多开发者关心的是保持在互联网上任何地方发布和协作编写代码的自由。转移到其他地方的能力在开源设计中无处不在,无论是 *forking*——制作代码副本,还是能够 *clone*——将一个项目下载到本地计算机上。

令这些开发者苦恼的是,GitHub 本身并不是开源的,这意味着,就像斯托曼和他的施乐打印机一样,用户修改平台以满足自己需求的能力是有限的。Git 是用来管理代码的版本控制系统,独立于 GitHub 或任何其他托管平台,因此任何人都可以在其他地方复制和托管项目代码。但是 GitHub 的社区功能——所有的对话都是在平台上进行的——很难导出。(GitHub 紧随其后的竞争对手 GitLab 于 2011年推出,它大力宣传自己的平台是开源的。GitHub 目前仍是市场的主导者:虽然很难找到采用 GitLab 的用户的公开数字,但它的网站声称有超过 10 万个组织使用它的产品,[27] 而 GitHub 声称有超过 290 万个组织使用其产品[28])

许多自由软件开发者拒绝使用 GitHub。埃里克·黄(Eric Wong)是开源网络服务器 Unicorn 的维护者,他在回应一位用户"请移到 GitHub 上"的请求时写道:

不。绝对不会。GitHub 是一个专有的通信工具，它要求用户登陆和接受服务条款。这给了一个单一实体（以及一个营利组织）权力和影响力。我向自由软件贡献的原因是我反对任何形式的被绑定或专有特性。当我遇到没有专用通信工具就不能使用 Git 的用户时，我感到非常难受。[29]

不管是出于意识形态还是商业原因，自由和早期的开源倡导者都专注于传播开源的理念。但是今天的开发者几乎不再注意到"开源"这个概念。他们只是想要编写并发布自己的代码，而 GitHub 正是让这一切变得容易的平台。

便利的胜利

GitHub 由四名 Ruby 开发者于 2008 年创立，他们将其宣传为一个"社交编程"（social coding）的平台，当时 Web 2.0——Facebook、Twitter、YouTube 和 Tumblr 刚刚起步。通过将所有开源开发者带到一个平台上，GitHub 帮助规范了他们的工作方式。

GitHub 并不是第一个代码托管平台。它的前身是成立于 1999 年的 SourceForge。如果说 GitHub 就像 Facebook，那么 SourceForge 就是代码托管平台中的 MySpace：它是同类产品中的第一个重要产品，尽管至今仍然存在，但最终都只是作为一幅蓝图被记住。和 GitHub 一样，SourceForge 给开发者提供了一个托管和下载代码的地方，但它更像是一个文件共享网站，而不是一个协作的地方。SourceForge 专注于代码分发；GitHub 专注于改善开发者的工作流程。对于 SourceForge 失败的原因，每个人都有自己的看法。许多人将其归咎于对广告的依赖（这给用户体验带来了负面影响）以及总体上较差的产品开发。其他人则指出 SourceForge 一直不愿意支持 Git 作为版本控制系统。

顾名思义，GitHub 的创始人把它的声誉押在了只有几年历史的 Git 上，将其作为软件协作的未来。在相对较新的技术上加倍投入，帮助 GitHub 吸引了一批刚刚意识到 Git 好处的开发者。（现有的代码托管平台 SourceForge 当时并不支持 Git）GitHub 友好的用户体验帮助提高了人们对 Git 的兴趣，而 Git 的学习曲线是出了名的陡峭。很难说是 Git 还是 GitHub 促成了对方的成功，但它们结合在一起成为了大规模分布式软件协作的主导工具集。¶[30]

GitHub 将开发者工作流程的每个部分都整合到它的产品中，包括问题跟踪器、开发者个人资料，以及它所谓的"PR"：一种提交、评审和合并贡献的方式。与在繁杂的互联网上搜索 tarball 和邮件列表相比，GitHub 的用户界面简单直观。你可以注册，选择一个用户名，并使用搜索栏来查找项目。打开一个 issue 或 PR 就像点击一个大的绿色按钮一样简单。

到 2017 年，GitHub 托管了 2 500 万个公共项目，而且该服务的需求仍在增长。GitHub 称，其 2018 年的新用户数量超过了成立后头六年的总和。[31]（译者注：据维基百科数据显示，截至 2020 年 9 月，GitHub 宣布已有超过 5 600 万的注册用户）

通过吸引所有人到 GitHub 的平台，GitHub 让人们更容易发现新项目，以及每个开发者的历史和声誉。网站创建者还增加了"star"项目的能力，这样就可以知道哪些项目更受欢迎或不受欢迎。不管这个指标有多大的缺陷，现在 star 已经成为开发者们成功的标志，让他们可以将自己的项目与他人的项目进行排名。

GitHub 还帮助普及了宽松许可证的广泛使用，这极大地改善了开放源代码的覆盖范围和分发方式。自由软件开发者经常拥护 copyleft 授权，比如 GNU 通用公共许可证（GPL）。Copyleft 许可会像病毒一样附着在任何使用它们的代码上。也就是说任何包含 GPL 许可代码的代码也必须在 GPL 下进行授权。所以，如果像 Facebook 这样的公司在其移动应用中使用 GPL 授权的代码，该应用也必须按照 GPL 授权其他人使用。可以想象，copyleft 许可在商业上并不友好，因为公司必须以相同的条款许可他们自己的软件。所以早期的开源倡导者开始强调宽松的许可证，比如 BSD 许可证（the Berkeley Software Distribution）和 MIT 许可证（the Massachusetts Institute of Technology），这些许可证允许开发者在不改变他们自己项目条款的情况下，对代码做任何他们想做的事情。

到目前为止，MIT 许可证是 GitHub 项目中最广泛使用的许可证。一篇 2015 年的公司博客文章称，45％的开源项目都在使用它。虽然 MIT 许可证使开源代码的发布变得顺利，但它"设置后忘记"的风格也被批评为在开源代码和它的意识形态起源之间制造了裂痕。奇怪的是，从长远来看，GPL 可能对开源开发者更友好，因为它让开发者对其他人如何使用他们的代码有更多的控制。但是很难想象 GPL 如何成为 GitHub 这样的平台上的主导许可证，因为它与平台的一个最大的优势不兼容：自由、不受限制的发布。[32]

GitHub 在现代开发者中如此流行体现了便利战胜个人价值的经典技术故事。对早期的自由和开源开发者来说，由 GitHub（2018 年被微软收购）这样一家公司引领的向标准工具和工作流的转变，代表着他们自 20 世纪 80 年代以来一直为之奋斗的一切的倒退。代码协作不应该属于任何人，尤其不应该属于一家价值数十亿美元、制作专有软件的公司。

但是 GitHub 一代的开源开发者并不这么认为，因为他们优先考虑便利性，不像自由软件倡导者优先考虑自由，或早期的开源倡导者优先考虑开放。这一代的人不知道，也不真正关心自由和开源软件之间的区别；他们也不热衷于宣传开源理念本身。他们只是在 GitHub 上发布他们的代码，因为就像现在任何其他形式的在线内容一样，共享是默认的。

开发者布雷特·坎农（Brett Cannon）对于将 Python 项目转移到 GitHub 的决定，解释说，他和他的合作者选择 GitHub 而不是 GitLab，部分原因是前者是开发者现在最满意的平台，另一部分原因是它有更好的自动化开发工具。但他引用的第三个原因最能说明早期和现代开源的区别：

> GitLab 没有杀手锏。现在有些人会说，GitLab 是开源的，这是它的杀手锏。但对我来说，开发过程比担心基于云计算的服务是否发布源代码更重要。[33]

GitHub 为开发者提供了完成工作所需的工具。与 20 世纪 80 年代到 21 世纪初的早期工作流相比，GitHub 易于使用、可靠，并且能够处理大规模交互。如果有人知道如何使用 GitHub，他们就很容易进入一个不熟悉的项目并做出贡献。GitHub 用户的个人资料中有照片、简介和他们过去活动的公共链接，所有这些都是自动生成的，这让他们的声誉对于每一个项目来说都是可见的。

GNU，一个自由软件的旗帜项目，并不需要在 GitHub 上获得成功。鉴于它是基于"代码解放"的思想而建立的，我甚至可以说 GNU 只有在无视 GitHub 作为一个平台的情况下才能真正流行起来。GNU 之所以是 GNU，是因为它并不托管在 GitHub 上。

相比之下，今天的这一代开源开发者需要 GitHub 来把他们的工作做到最好。就如同有 Instagram 影响力者和 Twitch 主播一样，这里也有 GitHub 的开发者。这些活动也可以在平台之外进行——你仍然可以把你在夏威夷度假的照片或视频上传到一个自托管的网站上——但你为什么要这样做呢？对于那些希望获得受众的人来说，平台和创造者已经变得密不可分。

平台通常会被描述为与创造者对立。《应用程序：人类故事》（*App：The Human Story*）是一部关于苹果应用商店开发者们如何与平台局限性作斗争的纪录片。[34] 与此同时，Facebook 经常被指责"用一种算法取代了大量出版商的受众"。[35] 但是，除了平台可能造成的所有问题，它们也带来了不可估量的价值。今天的开源开发者似乎真心喜欢 GitHub，认为它是一个编写、分享和发现代码的地方。

本·汤普森（Ben Thompson）在他的博客 Stratechery 上写了一些关于商业和技术的文章，他甚至认为传达这种价值本身就是平台的定义，而不仅仅是作为一个聚合器。平台将价值传递给基于平台建立的第三方，而聚合只是纯粹的中介作用。汤普森引用了比尔·盖茨的一句话，后者对平台的定义是"当每个使用它的人的经济价值超过创造它的公司的价值时"。[36] 基于这个定义，汤普森认为 Facebook 实际上不是一个平台，而是一个聚合器，因为"除非是出于好心，Facebook 没有理由为（媒体）出版商做任何事情"。

就像人才经纪公司一样，平台首先会改善创作者的分销渠道，让他们接触潜在的数百万人，从而为他们增加价值。这种发现主要有利于那些仍在建立受众的创作者。这种反馈是正向循环的，更多创造者会被鼓励加入。只要越来越多的人继续使用这个平台，就不存在某一个创造者会吸走这个房间里所有的氧气的情况。

不同于人才经纪公司，平台没有合同来阻止创作者把观众带到别的地方去[有些创作者有足够的影响力，如果他们这么做的话，会对平台造成影响：顶级主播 Ninja 离开 Twitch 去了微软的独家竞争平台，Mixer。碧昂斯（Beyoncé）在她的专辑 Lemonade 发布后的头三年，都只在 Tidal，一个新兴的订阅音乐服务上独家放送**]。所以平台必须让自身变得不可或缺，来最大限度地鼓励创作者留下来。这个措施通常与降低创作者的成本划上等号。正如布雷特·坎农在他关于 Python 迁移的文章中解释的那样，GitHub 帮助他的团队"尽可能地自动化开发过程，同时降低 Python 开发者必须维护的基础设施成本"。[37] Python 不再需要 GitHub 才能够被发现，但一个成熟的编程语言项目尤其受益于 GitHub 所提供的能够降低成本的基础设施。

因此，平台与创造者的关系必然类似于一种共生的、"俄罗斯套娃"式的混合生产模式，在这种模式中，创作性人才广泛分布，但却被嵌在一个集中平台的茧中。（在 Instagram，或 Spotify，或 Medium 上……任何人都可以成为创作者）尽管创作者来自世界各地，但他们需要这些平台来生存和成长。

事实上，今天的开发者不仅仅是使用，而是积极地偏爱 GitHub，这表明了一套与前几代不同的价值观。使用 GitHub 的简单行为已经将这些开发者与那些拒绝使用任何平台的教条主义的自由软件倡导者区分开来。而现代的开发者不加思考就给他们的项目贴上 MIT 许可证的事实——如果他们愿意为他们的项目申请许可证的话——将他们与早期的开源倡导者区分开来，后者是在"开放"的教条上大肆宣扬与传播的，这种教条通过许可来体现。

GitHub 一代的开源开发者对这些问题并没有特别强烈的感觉。他们只是想创造东西，而分享是对他们努力成果的自然衍生。流行前端框架 Bootstrap 的联合创始人雅克布·桑顿（Jacob Thornton）曾在一次会议上承认，尽管他从事高可见性的开源项目多年，但他"真的不知道开源是什么"。[39]

史蒂夫·克拉布尼克（Steve Klabnik），一个因他在两个流行的编程语言社区 Rust 和 Ruby 中的工作而出名的开发者，指出过时的词汇限制了我们谈论开源是如何产生的：

> 为什么自由软件和开源的概念本质上与许可证捆绑在一起是一个问题？因为这两个运动的目的和目标都是关于分配和消费的，但今天人们最

> 关心的是软件的生产。软件许可证协议规定分发，但不能规范生产……这
> 也是开源之后的主要挑战。[40]

通过关注开发者体验，GitHub 让开源更多地关注人而不是项目，这就是开发者迈克尔·罗杰斯（Mikeal Rogers）所说的"开源的业余化"，"push 代码几乎变成了和发 Twitter 一样常规"：

> 我已经为开源项目贡献了 10 多年，但现在不同的是，我不是这些项目的
> "成员"——我只是一个"用户"，贡献一点点就是作为一个用户的一部分。[41]

编写代码就像以多种方式发推文一样。包管理器的出现为开发者提供了一种简单的方法来安装和管理与其所选择的编程语言相关联的软件库。包管理器最初出现在 20 世纪 90 年代，以支持 Linux 生态系统，但最终它们成为大多数编程语言的标准工具。例如，编程语言 Ruby 有一个名为 RubyGems 的包管理器，而 Python 有 PyPI。

包管理器使得为软件开发创建、发布和共享可重用组件变得更加容易，这些组件通过一个注册中心进行管理：你可以想象为一个公共图书馆，其中包含数千本书，任何人都可以使用他们的借书证访问这些书。这些管理器极大地加快了开发者从命令行完成的工作。

通过一个安装命令，开发者现在可以导入数百个包（由其他开发者编写的代码块），并在自己的代码中使用它们。结果就是，构成"开源项目"的概念也变得更小了，就像从博客文章到推文的转变一样。

开发者拉斯·考克斯（Russ Cox）在描述这种转变时解释道：

> 在依赖管理器出现之前，发布一个只有 8 行的代码库是不可想象的：
> 开销太大而收益太少。但是 npm（JavaScript 的包管理器）已经把开销几
> 乎降到了零，其结果是几乎微不足道的功能都可以打包和重用。[42]

因此，这些新出现的行为成为 JavaScript 的标志性特征之一就不足为奇了。JavaScript 是在 GitHub 上发展起来的语言生态系统。

从黑客到哈士奇

JavaScript 诞生于 1995 年，但最近的技术发展赋予了它新的当代意义。它最初是由布伦丹·艾希（Brendan Eich）为 Netscape Navigator 编写的。因为 JavaScript 是唯一支持在现代浏览器中内置引擎的语言，所以从那时起它就一直与开发者息息相关。

虽然 JavaScript 已经出现了 20 多年，但在它的大部分历史中，主要被用作网页的脚本语言。它与标记语言 HTML 和样式表语言 CSS 一起构成了前端开发的三位一体。HTML 为网页提供了脚手架，CSS 样式化了这些元素，JavaScript 使它们成为动态的。如果网页是一座建筑，则 HTML 构成了骨架，CSS 构成了油漆和干墙，JavaScript 构成了电力和管道。

JavaScript 很容易编写和修改，因为开发者可以直接从浏览器中完成。每个主流浏览器都有一个"查看源代码"选项，这使得检查构成任何网页的 HTML、CSS 和 JavaScript 很容易。对于许多软件开发者来说，JavaScript 为他们提供了一个可访问的编程第一个切入口。

在 2000 年代中期，开发者开始寻找创造性的方法在他们的应用程序后端（对用户不可见的底层逻辑）使用 JavaScript。2009 年，瑞恩·达尔（Ryan Dahl）发布了 Node.js，这是一个在客户端和服务器端都可以轻松运行 JavaScript 的平台。现在，开发者不必为应用程序的后端和前端各学习一种语言，而只需要学习 JavaScript 一种语言，然后在任何地方都能使用它。

现在的 GitHub 项目是用各种各样的编程语言开发的，包括 Java、Ruby 和 PHP，但 JavaScript 比其他所有语言都更占优势。在 GitHub 上，JavaScript 的受欢迎程度是排名第二的 Python 的两倍多。[43] 根据 Stack Overflow 网站的说法，它已经迅速成长为开发者中最常用的编程语言。[44]

JavaScript 的普遍吸引力使它具有极高的可触达性并且十分强大。从文化的角度来看，它让前端和后端开发者成为了奇怪的伙伴。当代 JavaScript 是在后 Web 2.0 时代发展起来的。它既友好又精致,但也带有政治色彩。它吸引了那些喜欢解释事物的开发者,他们用表情符号和色彩鲜艳的标识来解释事物。

JavaScript 开发者欣然接受"开源的业余化",尽管他们的前辈偶尔会对他们翻白眼。npm,JavaScript 的包管理器,通过让同时发布和依赖多个包变得更容易,从而鼓励模块化设计。而且由于 JavaScript 必须保持跨浏览器的兼容性,它的官方核心库比大多数其他语言都要小,开发者不得不定制化编写自己的包来填补空白。因此,每个项目都趋向于更小,更易于使用,就像组装在一起的乐高积木,而不是用石头雕刻的城堡。

自由软件黑客将自己定义为独立于平台的人,但如果没有 GitHub 这样的平台提供的优势,JavaScript 可能不会像现在这样流行,更不用说 Twitter 和 Slack 这样的现代通信渠道了。与那些强调代码自由高于一切的人不同,JavaScript 社区散发出相反的吸引力:当代码很小时,突出的是人。

JavaScript 最知名的开发者以他们的演讲、他们录制的视频、他们写的推文和博客帖子而闻名。他们拥有大量的追随者,以一种 PHP 开发者做不到的方式吸引着热切的观众。例如,肯特·C. 多兹(Kent C. Dodds)花了大量时间制作关于 React 的内容,以至于他辞去了 PayPal 的 JavaScript 工程师工作,成为了一名全职教育家。[45]

JavaScript 开发者不再总是因为特定的项目而出名,就像斯托曼因为 GNU 而出名,托瓦兹因为 Git 和 Linux 而出名一样。与其只和一个或几个项目相关联,杰出的 JavaScript 开发者通常创建数百个小型但广泛使用的项目。人们知道他们是谁,而不是他们参与了什么项目。

安东尼·凯宾斯基(Antoni Kepinski)是一名十几岁的开发者,他开发了一个开源的披萨跟踪应用程序。当一位采访者问他是如何进入编程行业的时候,他回答说:

> 事实上,我开始用 C# 编程,但这不是我真正喜欢的东西,我偶然发现了一个 GitHub 用户辛德勒·索尔许斯的个人资料。当我第一次看到 JavaScript 代码时,我就知道这是我将来想要学习的东西。事情就是这样开始的。[46]

在随后的采访中,他开玩笑说,他使用了索尔许斯的一个项目,而不是另一个 JavaScript 开发者费罗斯·阿布哈迪耶(Feross Aboukhadijeh)的项目:

> 凯宾斯基:对不起,我没有使用你的 linter(一种捕获代码中格式错误的工具)。
>
> 阿布哈迪耶:是的,我注意到了。你用的是辛德勒·索尔许斯的,因为我觉得你更喜欢他。这很好。(笑声)
>
> 凯宾斯基:不,不……
>
> 罗杰斯:就是这样。你跟随你最喜欢的开发者,"我想要他们的风格指南"。就这么简单。

对个性的崇拜在 JavaScript 中盛行,即使最著名的开发者不愿承认这一点,也许是因为这种态度与公开宣称的开源"社区构建"的理想相冲突。与早期著名的黑客托瓦兹、雷蒙德和斯托曼相比,今天的许多 JavaScript 开发者都非常谦逊。

举几个例子:流行前端框架 React 的维护者丹·阿布拉莫夫(Dan Abramov)写了一篇博文,列出了所有"人们常常错误地认为我知道"的编程主题。[47] Babel 是一个帮助 JavaScript 在不同版本间进行转换的库,它的维护者亨利·朱(Henry Zhu)说,开源帮助他"在我的耐心和谦逊中接受测试,并学会更好地专注和沟通"。[48] 另一个流行的前端框架 Vue 的维护者莎拉·德拉斯纳(Sarah Drasner)和肯特·C. 多兹共同编写了一个"开源礼仪",在其中,他们强调贡献者应该"礼貌、尊重和善良"。[49] 辛德勒·索尔许斯曾经在 Patreon 网页(一款付费创作社区)上为他的创作募捐,主页显示他抱着三只快乐的哈士奇;[50] 费罗斯·阿布哈迪耶的 Patreon 页面显示了他和一只柔软毛茸茸的小猫依偎在一起的画面。[51] 这些开发者中的每一个都拥有大量的用户,这些用户都追随他们个人;他们拥有成千上万开发者的关注,他们选择利用这种影响力来展示善意和尊重。

每个 JavaScript 开发者都是圣人吗? 当然不是。和其他开源社区一样,

莱纳斯·托瓦兹和辛德勒·索尔许斯
(经阿尔托大学和辛德勒·索尔许斯许可使用的图像)

JavaScript 在 Twitter 和 GitHub 上也经历了激烈的争论和个人攻击。但是值得注意的是，那些不参与这些事情的杰出开发者，似乎都在回避自己的名人身份。

2019 年，JavaScript 社区的两个子集 Vue 和 React 之间爆发了戏剧性事件。丹·阿布拉莫夫暂时关闭了自己的 Twitter 账户，后来解释说："这个周末我变得越来越焦虑。在这种状态下我对社区毫无用处。我现在感觉好多了，我来这里是听取大家的意见的。"[52]

开源文化的重心已经从推崇强权专制转向寻求深思熟虑和管理。就连莱纳斯·托瓦兹也在 2018 年发布了一份道歉声明，他离开 Linux 项目一个月，是为了反思多年来"我们社区的人们面对我这一辈子不理解情感的经历"，并称之为"照镜子"的时刻。[53] ESR 被禁止进入 OSI 的邮件列表，因为他的言辞好斗。[54] RMS 在麻省理工学院计算机科学和人工智能实验室（MIT's Computer Science and Artificial Intelligence Laboratory，CSAIL）的邮件列表上发表了有争议的言论后，辞去了他在麻省理工学院和自由软件基金会的职务。[55] 在这个问题上，双方的许多人都注意到斯托曼的评论——他在评论中用他剖析"自由软件"这个词的同样迂烂的方式剖析了"强奸"的定义——从他过去的行为来看并没有什么异常，但这是个在变化的时代。

　　这种善良的倾向也会导致平台的分销能力产生紧张。由于它的流行，JavaScript 吸引了没有经验的开发者，他们第一次学习如何编写代码，也不熟悉如何与开放源码项目交互。因此，在 GitHub 上，JavaScript 维护者和用户之间的交互可能很难管理。因为 GitHub 很容易使用，所以打开一个问题或提出问题的障碍很低，用户向维护者寻求一切帮助：如何解决合并冲突，如何编写测试。这些技能并不是特定于任何一个开源项目；它们都是关于"我如何开源"的问题。

　　负责维护数百个 JavaScript 项目的辛德勒·索尔许斯曾在 Twitter 上写道："在 GitHub 上审核了 1 万多个 PR 之后……大约 80％ 的贡献者不知道如何解决合并冲突。"[56]几年后，他又进行了更多的观察：

- 几乎没人能写出一个好的 PR 的标题
- 有一半的人不知道"Fixes♯112"的语法
- 约 30％ 的人在提交 PR 之前不会本地跑测试
- 约 40％ 的人不会包含文档/测试[57]

　　我还注意到，在过去几年里，整体 PR 质量大幅下降。我猜这是 GitHub 越来越受欢迎的结果。[58]

　　这不是新开发者的错。他们不知道开源是如何工作的，他们被告知提出问题是在做正确的事情。"但不要让这成为你贡献的阻碍，"索尔许斯自己补充说，[59]"你要记住，我的时间是有限的，如果我不得不在你的 PR 中来回奔波，你可能会发现自己会再看一遍，这就占用了你从其他 PR 中抽出的时间。"[60]

　　开源维护者实际上已经成为了学习如何贡献的开发者的老师。在过去，当新开发者试图加入项目社区时，这么做是很有意义的。时至今日，仍向陌生人不断重温这些基本知识只会令人疲惫不堪：被纸划伤一千次也会让人丧命。开发者诺兰·劳森(Nolan Lawson)将自己的经历描述为"一种反常效应，即你越成功，你就越会受到 GitHub 通知的'惩罚'"。[61]

GitHub 的一代

　　开源是建立在开发者不应受制于特定平台的理念之上的。与其他类型的开发者相比,开源开发者似乎更应该不受平台效应的影响。毕竟,在 GitHub 之前有整整两代自由和开源的开发者,他们使用的工具在没有 GitHub 的情况下也能正常工作,而且有技术娴熟的用户,他们对不方便但符合价值观的解决方案有很高的容忍能力。

然而,GitHub 继续占据主导地位。就连 1999 年成立的保护伞型组织 Apache 软件基金会(Apache Software Foundation)也在 2019 年宣布,它将把基于 Git 的项目迁移到 GitHub。[62] 人们一度认为,Apache 软件基金会不愿采用现代开源工具。[63]

人们可以哀叹真正的"开放"软件开发的死亡,就像一些反对者仍然在做的那样,并批评 GitHub"破坏"了开源的发展轨迹。但 GitHub 克服了最初的宗教狂热,成为了大多数开发者的首选平台,这表明平台为开发者所做的事情可能比我们意识到的要多。我们不应该将平台视为对手,而应该将平台视为创造者的强大盟友,并尝试着去理解它们之间所形成的奇怪的共生关系。这种紧密的联系不可避免地会滋生强烈的情感和冲突,但也许这是它们变得不可或缺的标志。

GitHub 的优点——易于使用、易于共享和发现他人的代码——也是当今开源领域面临挑战的根源。对于在容易吸引新手开发者的 JavaScript 中,这些挑战显得尤为突出。

考虑一下这样一个事实:JavaScript 项目是特意设计成小型和模块化的,而不是大型的社区项目,有长期成员,可以接纳新人。然后再考虑一下 JavaScript 的领导者们不愿表现得粗鲁或不受欢迎,他们对斯托曼-托瓦兹-雷蒙德的散伙黑客中那些挥舞着鸟、拿着枪的幽灵们置之不理。

总而言之,在一个鼓励新手参与并且在社交规范中明确抵制排斥新人的平台上,即便大部分参与是出于好意的,但这些"路过"的用户确实淹没了项目维护者的所有注意力。

就像现在的其他社交平台一样,GitHub 专为大规模分解的用例而设计。每个平台都必须找出如何适应一套尚未被很好地理解的新兴社会行为。

---

* 我的范围一般也仅限于美国、欧洲和澳大利亚。开源开发正在这些地区之外发展,特别是在中国和印度,但由于他们的行为在某些方面不同,我将我的重点限制在我可以更自信地与之交谈的地理区域。[14]

† 在过去,托瓦兹拒绝接受从 GitHub 上拉到 Linux 内核的请求,称它"很适合托管,但是 PR 和在线提交编辑,都是纯粹的垃圾"。[18]

‡ 尽管"自由"和"开源"软件的定义,甚至根据斯托曼自己的说法,本质上是相同的,但这两个概念在文化上是不同的。有些人,特别是自由软件开发者,不喜欢混合使用这些术语。自由软件的提倡者因意识形态而团结在一起,这是一场"自由和正义的运动"。他们认为代码应该从私有控制中解放出来。另一方面,早期的开源倡导者专注于实用的目标,比如标准许可,使代码更容易被任何人自由发布和使用,包括商业实体。[22]

§ 福格尔是一个有思想的,在我看来被低估了的早期开源文化的代言人。他写了迄今为止唯一一本关于开源产品的著名著作《生产开源软件：如何运行一个成功的自由软件项目》(*Producing Open Source Software：How to Run a Successful Free Software Project*),该书于 2005 年首次出版。你可以在 https://producingoss. com/上找到它的全部内容。

¶ 根据 Stack Overflow 2018 年的开发者调查,87％的受访者使用 Git。

＊＊来自碧昂斯,她在歌曲《Nice》中说道："耐心等待我的死亡/因为我的成功无法被量化/如果我对流媒体流量有多在乎/就会把《Lemonade》放到 Spotify 上。"[38]

02
开源项目的结构

在保护生物学中,"有魅力的巨型动物"这一术语是指北极熊比起软体动物或昆虫更能推动环境保护事业。越可爱越好。在创作者的世界里,充满了名副其实的魅力巨型动物,如 YouTube 喜剧演员和 Instagram 模特,而我选择淡水贻贝。*(译者注:对作者来说,淡水贻贝更能激起环境保护欲望)

开源是复杂的,因为它包含了技术和社会规范的混乱组合,其中大部分是在公开场合发生的。它被广泛地记录下来(几乎任何一条讨论都在某个地方被记录下来),但又不明确(你需要从经年累月的存档中发掘你所需要的)。它的宝藏隐藏在荆棘丛生的环境中。

社会规范是通过试验和错误传下来的,这意味着如果做错了什么,就有可能在同行面前遭遇尴尬和嘲弄。开发者并不是因为缺乏技术能力,而是害怕犯错,才不对开源项目做出贡献。

以代码和文字著称的基础设施开发者朱莉娅·埃文斯(Julia Evans)描述了她在开源贡献方面的经验:

> 我有时对开源感到有点畏惧,因为在开源项目中,我需要把代码发给完全陌生的人评审。在工作中,我一般把代码评审发给同样的 10 个人左右,他们中的大多数人已经和我一起工作了一年或更久,而且他们往往已经清楚地知道我在做什么。[64]

更具挑战性的是,这些技术和社会规范在不同的语言生态系统、不同的项目类型,甚至不同的开发者之间都是不同的。作为一个 Python 开发者,知道如何参与开源,并不意味着你可以大摇大摆地进入 Haskell 的世界。一个 C++的开发者可能会在一群 Electron 的开发者中感到格格不入。

开源的部落性质经常被忽视和误解。正如我们所看到的,从"黑客"到更中立的"程序员"或"工程师",再到今天听起来很光鲜的"开发者",其实没有什么"开源社区",就像没有"城市社区"一样。当然,一个城市居民可以在许多方面同情另一个城市居民,特别是当他们与郊区或农村的同行进行比较时。但了解旧金山的街道并不能说明你在香港会有多好。"城市"是一个形容词,不是一个终点。

把这个比喻进一步延伸：有这种城市，也有那种城市。† 雷克雅未克（Reykjavik）是冰岛最大的城市，大约有 20 万居民。[66] 但在中国，它几乎不可能成为一个城市，中国最大的城市上海，有超过 2 400 万居民。[67] 同样地，有一些开源项目，像 chalk——一种用颜色和文本格式为自己的代码定型的工具，它只包含几行代码，执行一个小而有用的功能。这种项目包含很少的代码行，并执行一个小但有用的功能。也有一些开源项目，如 OpenStack——一个拥有数百万行代码的云计算软件平台，被分解成多个大型子项目，每一个子项目都使一些整个独立模块的代码库相形见绌。

术语"开源"只描述了代码的分发和消费方式。它没有说到代码是如何产生的。"开源项目"与"公司"一样，彼此之间没有更多的共同点。根据定义，所有的公司都会生产一些有价值的东西来换取金钱，但我们不认为每个公司都有相同的商业模式。‡

本书并不假定你是一个开发者，但它确实假定你不畏惧学习。对于那些不太熟悉开源软件的人，我将简要介绍一下这些项目的结构，这将有助于解码其中的人际关系动态。

贡献是怎么完成的

开源软件经常被描述为参与性的，这意味着任何人都可以修改其代码。虽然这在理论上是正确的，但在实践中，开源项目并不是被盲目地开放给每一个想改变它的人。（相比之下，例如维基，通常可由公众编辑，不需要额外的权限）

任何人都可以以"补丁"的形式向开源项目提出修改建议，或者用 GitHub 的术语来说，就是提一个 PR——但这些修改都要经过评审，并要得到事先信任的贡献者的批准。这相当于在一个共享文件上有评论权限：任何人都可以提出修改建议，但不是每个人都能真正批准它。

有些开发者有权限将修改合并到主干（或者 master 分支）上，这是项目的基线版本。这种权限通常被称为提交（commit）权限，这就像一部分人有权限编辑一个共享文件。

提交权限是一种技术许可,但也有社会考量。即使是那些拥有提交权限的人,也不能单方面地行使他们的权力。在他们合并一个改动之前,他们还必须考虑其他贡献者和用户会如何接受它。

更大的项目通常使用正式的"征求意见"(request for comments,RFC)过程,以允许社区在合并之前讨论这些变化。例如,在 Python 中,这些请求被称为 Python 增强提案(Python Enhancement Proposals,PEPs),[68] 而在另一种编程语言 Go 中,正式的提案被称为"设计文件"(design document)。[69] 在较小的项目中,RFC 过程可能看起来就像一个关于 PR 的非正式讨论过程。

相反,也有一些维护者在社会关系上被视为领导者,对项目有影响力,但同样没有提交权限。在一些项目中,无论项目规模有多大,除了作者,没有人有提交权限。例如,亚历克斯·米勒(Alex Miller)是编程语言 Clojure 的长期维护者,但他并不合并补丁,而是对来自社区的补丁进行分流和升级,然后由几个有提交权限的维护者进行评审和合并,主要是里奇·希基(Rich Hickey)(Clojure 的作者和主要开发者)和另一个共同维护者斯图尔特·哈洛威(Stuart Halloway)。

布雷特·坎农回忆他获得 Python 的提交权限的经历:

> 当我说只要有人提交补丁,我就很乐意写一些文档时,我已经定期提交补丁几个月了。吉多(Python 的作者)回答说:"你有一个 SF 的用户 ID 吗? 这样我们就可以给你提交权限了!"我获得提交权限的方式和今天人们需要对 Python 项目做的是相同的:不断地贡献出好的补丁,最终一个核心开发者注意到了我,并问我是否愿意加入这个团队。[70]

开发者获得 commit 权限的过程在不同的项目中差异很大,并受制于预先存在的社会规范。一些项目的理念模式是你需要预先证明你是值得信任的,而另一些项目则喜欢在低信任的基础上运作。

例如,基于 Linux 的操作系统 Debian,要求开发者遵循一个规范的进阶过程,在这个过程中,他们需要阅读手册,找到导师,并与项目维护者接触。[71] 另一方面,在 JavaScript 的开发者中,普遍存在着更自由的代码提交权限的情况。这样做的目的是通过让其他人更容易做出贡献来分散维护的负担,而且在没有得到证明之前,人们会提前假定陌生人是值得信任的。

这些社会规范的差异往往与技术设计紧密相联。Clojure 的核心开发者高度重视稳定的代码,这意味着他们更不愿意接受修改。[72] 而 Debian 有一个单体的、紧密耦合的代码库,对错误的维护者开绿灯确实会带来可怕的后果。但包括 Node. js 在内的 JavaScript 的设计是模块化的,每个维护者影响生态系统其他组件的能力有限,所以 JavaScript 的开发者更有可能优先考虑快速行动和接受贡献。

在加密货币领域,这些理念在比特币和以太坊项目的管理方式上表现出明显的差异。比特币的社区,就像 Clojure 的社区一样,优先考虑稳定性和安全性,倾向于缓慢而谨慎地前进,即使这意味着引入较少的功能和贡献者。以太坊更像 Node. js:它是一个供他人开发的平台,覆盖的范围很广。它就如同一个洛杉矶般蔓延的城市,由许多社区和亚文化组成。尽管有慷慨激昂的咆哮与反对(我学到的一件事情就是开发者是有个人想法的),但没有一个绝对正确的处理事情的方式,只有不同的社区,每个社区都有自己的文化规范。

获得变更批准的过程,一般来说,取决于变更的复杂性(和项目的复杂性),以及一个人在有能力批准变更的人中的声誉。

如果开发者提出的变更与项目的目标相一致会更有帮助,比如,开发者可能实现了以前公开讨论过的愿望清单上的功能,或者修复了项目上的一个已知的错误。这些变化往往比全新的想法更容易得到批准,因为这些是显式的需求。

一个 Ruby 测试工具的维护者对一个新的贡献者的回复[73]

开发者的声誉会严重地影响到一个 PR 是否能被合并。声望并不总是局限于特定的项目，也包括更广泛的生态系统。（反之同理：在其他地方的坏名声可以带到一个项目中，使贡献更难被合并，即使这个人以前从未为这个特定的项目做过贡献）

例如，洛伦佐·西德拉（Lorenzo Sciandra）首先为 React Navigation（一个 React Native 相关的库）做了贡献，从而成为 React Native（一个用 React 构建移动应用的框架）的维护者。[74] 当时，他觉得自己还"不够格"为 React Native 做贡献，但当 React Navigation 的维护者离开项目后，剩下的开发者就积极招募更多的贡献者。

西德拉在写代码上不够自信，所以他专注于解决 issue，在四个月内关闭了 900 多个 issue。他的活动引起了在 Facebook 工作的 React Native 维护者赫克托（Héctor）的注意，他问西德拉，基于他的 React Navigation 经验，他是否愿意为该项目做出贡献。

如果有 commit 权限的人不能保证评审和接受开发者的 PR，这可能会导致管理纠纷。例如，一家公司可能会发布开源代码，但主要依靠自己的员工来维护它。虽然该项目是开源的，任何人都可以使用、检查、分叉和修改代码，但作为非雇员，可能很难做出实质性的贡献。任何人都可以提交修改，但并不意味着它会被批准。

虽然当企业开源者参与其中时，治理纠纷可能看起来更明显，但这些问题也发生在单一维护者的项目中。Setuptools 是一个广泛使用的 Python 软件包，主要由其作者维护。在许多用户抱怨他们的贡献很难被合并到 Setuptools 中后，一群开发者将该项目分叉成他们自己的版本，命名为 Distribute，几年后，该版本最终被合并回 Setuptools 中。

如果一个开发者在项目中不为人知，他们必须努力争取维护者的注意。礼貌的做法是将自己的互动信息包含在具体的 PR 中。也可以@（即通知）相关人员要求评审——就像对一周（而不是一天）没有被回复的沉寂邮件进行跟进。通过个人渠道（如私人电子邮件）进行联系，通常被认为是不礼貌的，就像在推特上要求别人回复你的电子邮件被认为是不礼貌的一样，除非另有规定。

例如，马吉特·拉马驽贾姆（Amjith Ramanujam）在他的项目 pgcli（一个开源数据库系统 PostgreSQL 的命令行接口）的 README 中列出了他的电子邮件和 Twitter 账号,并补充说贡献者应该"随时与我联系,如果需要帮助的话"。[75]
相比之下,WP-CLI,一个流行的内容管理系统 WordPress 的命令行接口,在其
README 中的要求完全相反:

> 请不要在 Twitter 上提出支持问题。Twitter 不是一个可接受的支持
> 场所,因为:(a)很难在 280 个字符的限制下进行对话;(b)Twitter 不是一
> 个可以让和有你同样问题的人在之前的对话中搜索到答案的地方。[76]

根据项目的情况、复杂程度和受欢迎程度,以及一个人提出的改变和人们的
关注程度,PR 可能需要几分钟到几个月的时间才能得到回应。有时,在一小时
内就被合并了;而有时,根本就没有被评审。

互动发生的地方

开源项目被称为"项目",而不仅仅是代码,这是有原因的。虽然代码是一个
项目的最终产出,但"项目"一词指的是整个社区、代码以及支持其基本生产的通
信和开发者工具。

术语"项目"和"仓库"有时可以互换使用,而且仓库经常作为项目的主要命
名空间。但仓库特指包含代码的文件目录,而项目则意味着支持代码生产的全
套工具和交流渠道(例如,邮件列表、聊天、文档和 Q&A 网站)。

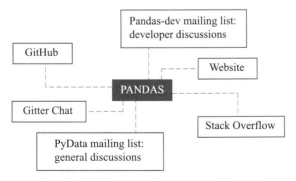

Pandas,一个用于数据分析的 Python 的框架,扩展到多个交流渠道

仓库是一个单一的衡量单位,不同仓库在颗粒度方面有很大的不同。Issorted,一个检查数组是否被排序的模块,包含少于 30 行的代码,是一个仓库。[77]CPython 包含 Python 编程语言的全部代码库,也是一个仓库。[78]

就像其他事情一样,版本库的大小和结构受到技术决策和个人喜好的影响。有些项目习惯把他们的代码分成许多库,每个库都包含少量的代码,这些仓库都在一个 GitHub 组织下。其他项目则采用单库理念,在一个库里管理大量的代码。

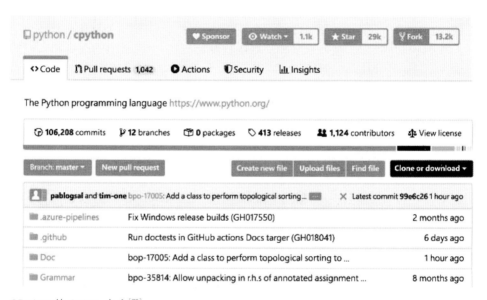

CPython 的 Github 仓库[79]

托管在 GitHub 上的开源项目一般可以分成三个部分:代码(项目的最终输出)、问题追踪器(讨论修改的方式)和 PR(进行修改的方式)。

代码通常使用版本控制系统来管理,其中 Git 是最流行的。这个系统直接与代码捆绑在一起,使用一个.git 文件目录存储代码修改记录,这意味着无论代码文件实际托管在哪里,无论是在 GitHub 还是其他地方,都会进行变更追踪。

另一方面,issue 和 PR 则绑定在 GitHub 上。尽管 issue(别称 ticket)和 PR(别称 patch)的概念比 GitHub 要早得多,但 issue 和 pull request 是 GitHub 对这些功能的扩展,因此在平台间迁移起来并不那么容易。问题追踪器是用来进行对话的,比如讨论新功能或报告错误。PR 是提议的修改,如果被批准和合并,将修改最终的代码库。

issues 往往分为三类：错误报告、功能请求和问题。从维护者的角度来看，错误报告是最优先的，因为它们意味着某些东西目前没有按预期工作。功能请求是用户希望得到的东西。问题本质上是帮助请求，例如，"我怎么做 X"。有些维护者不使用问题追踪器来处理问题，而是倾向于将用户从 GitHub 引向其他支持渠道。

一些开源项目，尤其是较大的项目，可能使用 GitHub 来托管和管理他们的代码，但使用不同的工具来管理项目的其他方面。例如，Django 在 GitHub 上托管代码，但使用 Trac 作为其问题跟踪器。React 也将其代码托管在 GitHub 上，但将其文档、教程和社区放在一个单独的网站上。[80]

项目经常使用同步通信工具（如 IRC、Slack 或 Discord）和异步工具（如邮件列表、Reddit 或 GitHub Issue）来与用户和其他贡献者交谈。这些工具被用来进行各种对话，包括：

在用户和贡献者之间提出和回答问题（"我如何使用项目来做 X"以及"我如何做出 Y 贡献"）。

协调维护者之间的工作。

提供一个社区空间。

召开办公会议。

教育用户（例如，教授或演示某种东西）。

Stack Overflow，一个面向开发者的 Q&A 网站，成为了 GitHub 的一个重要补充工具（尽管其有用性因编程语言或框架而异），因为它是用户经常提出问题并获得答案的地方；该网站有自己的社交动态和奖励制度。用户通过回答问题获得积分，从而建立起他们的公共声誉。Stack Overflow 上的顶级回答者可能永远不会与 GitHub 上的项目核心开发者互动，尽管他们为用户提供了大量支持；这两个平台是与同一个项目相关的独立生态系统。（与用户-用户之间的支持系统相关的话题将在后面更深入地介绍）

项目如何随着时间变化

一个项目的维护者和他们的社区之间的关系随项目的成熟度而变化。在一个较高的水平上,开源项目倾向于从封闭到开放、再到封闭的过程,或根据规模进行分布式开发。

创建

在一个项目的最初阶段,可能有一个或几个开发者在相当封闭的开发状态下编写代码。虽然有些开源开发者从一开始就公开写代码,但许多人更喜欢在私下里做最初的创造性工作,这样他们就可以在开放项目获得反馈之前适当地阐述他们的想法。即使开发者在早期就公布了代码,也可能不会广泛宣传,直到有了可以发布的东西。

创建了流行的 JavaScript 平台 Node. js 的瑞恩·达尔(Ryan Dahl)回忆他早期独自工作六个月的经历,以及最终在 JSConf EU 会议上做了第一个 demo 演示时说:

> 我辞去了工作,在 Node 上工作了六个月,基本上投入了所有时间。我坚信这将是一件伟大的工作。我给 JSConf 的人写了一封非常友好的信,恳求他们给我一个名额,让我在 JSConf EU 上展示它……我当时非常害怕,要把这个我已经研究了六个月的东西展示出来。[81]

布道

一旦项目发布,作者通常渴望得到反馈、错误报告、问题和 PR。他们通常会像创始人推广创业公司一样推广该项目:在网上的相关渠道分享该项目,在会议和聚会上发表演讲,并鼓励其他人撰写和谈论该项目。

编写数据计算系统 Apache Storm 的内森·马兹(Nathan Marz)在一个名

为"怪圈"（Strange Loop）的软件会议上发表演讲时，在讲台上公开了这个项目。这个消息引起了很多注意，他建立了一个邮件列表，让开发者提供反馈，而他会"每天花一到两个小时来回答问题"。[82] 在接下来的一年里，他继续在会议、聚会上和公司里发表关于 Storm 的演讲。他指出"所有这些演讲使 Storm 积累了越来越多的人气"。

在这个阶段，目标是"分发"——让其他开发者掌握新的代码——这样项目就会过渡到一个更开放的发展状态。就像在网上发表博客文章或视频一样，开源开发者希望他人有实质性的参与，所以他们会鼓励贡献，同时仍然保留他们自己对项目愿景的控制。如果其他开发者正在提交 issues，给项目加星，或是提出问题，这就表明人们对它感兴趣。

那些确实吸引了其他开发者注意的项目可能会稳定在这里，有一个即便不是快速增长的，但是却坚实的、会继续下载和使用该项目的用户群。然而，在一个较小的项目子集中，用户和贡献者的互动将继续上升，直到把项目推向**成长**阶段。

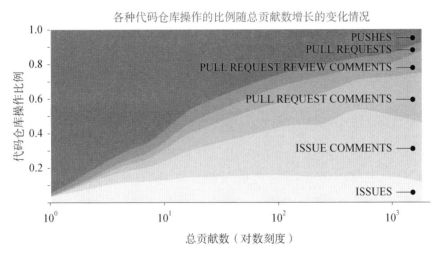

摘自《开源的形态》（*The Shape of Open Source*），作者阿方·史密斯（Arfon Smith）。随着贡献者数量的增加，仓库的活动类型会发生变化，特别是评论的形式。[83]

成长

当一个项目被广泛使用时，更多的开发者会与它互动。判断这种转变何时发生的一个启发式方法是,维护者开始在项目上处理更多的非代码工作,而不是代码工作,例如分流问题和评审他人的 PR。

"增长"意味着有更多的开发者在使用这个项目,但这并不一定意味着有更多的开发者做出了有意义的贡献,也不意味着有更多的维护者来满足这一水平的需求(就像人们期望一个成功的公司会增加员工人数一样)。在这个阶段,社区互动变得更加嘈杂——评论、功能请求、来自陌生人的 PR——这使得维护者很难对每个人做出回应。

为移动开发者编写 fastlane 工具的费利克斯·克劳斯(Felix Krause)解释说:

> 项目规模越大,保持项目初期所提出的创新就越难,因为你可能需要在短时间里同时考虑上百种不同的用例……一旦你的产品获得了数千名活跃用户后,你会发现,帮助用户所花的时间比在项目本身上花费的时间更多。人们会提交各种各样的问题,其中大部分都不能称之为"问题",只是与功能相关的要求和疑问。[84]

维护者如何应对这些吸引注意力的需求,取决于贡献者的基数类型(以下两种方案将在第 5 章中作详细讨论)。如果一个项目没有很多贡献者,维护者就应当学会过滤杂音,进入到一个更封闭、更专注的开发状态之中。在封闭状态下,维护者对外部提交的代码采取更严格的筛选,以便能够专注于自己的工作。

如果一个项目的贡献者规模正在快速增长,并且有足够多的工作需要分工完成,维护者就能更广泛地分发工作。在分布式开发状态下,维护者会积极招募更多的贡献者参与进来,目的是将他们留在项目中。在这种情况下,维护者会投入更多的时间来增加开发者的数量,以满足用户和贡献者的需求。

区分项目类型

随着项目的发展,它会获得更多的用户和贡献者。从"开源是重在参与"的假设出发，我们可以想象"最佳"的用户-贡献者比例是 1：1，也就是每位用户同时又是贡献者。

事实上，一个项目的用户和贡献者规模常常以不同的速度增长，两者有时甚至彼此独立。一些项目似乎拥有大量用户却只有少量贡献者。另一些项目的贡献者社区十分活跃，但并没有得到广泛应用。是什么因素导致了这些差异？

项目贡献者的增长取决于技术范围、所需支持、参与门槛以及用户采用情况。

技术范围指项目代码库的规模和复杂度。换句话说，就是剩余多少事情要做。一个功能完备的项目不会像一个可扩展和可定制的项目那样吸引那么多的贡献者，这样的项目也许会被广泛应用，但这并不意味着会有大量的开发者为其做出贡献。

例如，React 是一个用于前端开发的 JavaScript 库，它可以被视为一个平台，因为它是许多其他应用程序的基础。Webpack，一个用于打包 JavaScript 文件的工具，就是这个"平台"的一个组件：它经常被 React 使用，但是它的适用范围更小。我们很容易想到，比起专门贡献 Webpack，开发者更倾向于定期为 React 生态做贡献。Webpack 由四位开发者共同维护［（其中仅有一位核心开发者托拜厄斯·科珀斯(Tobias Koppers)］，[85] 而 React 由一个更大的团队维护，其中许多人在 Facebook 工作。

所需支持不单指为项目编写代码，还包含一些其他任务，如回答他人的提问或者评审别人提交的 PR。前者会被潜在的贡献者认为是"有趣"的工作并参与其中；后者虽然也是必要的工作，但往往只落在维护者身上。吸引一个新贡献者去实现一个有趣的新功能要比让他们去分流问题容易得多。

此外，如问题分流这样的任务需要你比普通的贡献者更熟悉这个项目。在一个项目中工作多年的人能够比一个新贡献者更快地识别重复的问题或常见的问题。

一个项目可能代码量并不大，但是需要大量的用户支持，反之亦然。比如 Youtube-dl——一个能够从 YouTube 或其他视频网站上下载视频的程序，就是一个在技术层面十分"小"的项目，但它是 GitHub 上支持量最高的项目之一。[86] 著名的图标工具包 Font Awesome 也是一个从代码角度来看非技术密集的项目,但它收到了许多来自用户的新图标需求和贡献。[87]

参与门槛指对项目贡献的难易程度。一个项目是否容易做出贡献在很大程度上取决于它的技术范围,但还有一些其他因素:如文档的质量、维护者的积极程度、社交的友善程度,以及参与项目是否需要预先掌握某些工具或技能。最重要的问题是该项目是否在 GitHub 上。

对于 GitHub 和非 GitHub 的项目,对新贡献者的吸引力有着天壤之别。一位曾经在不同代码仓库工具上工作了数年的基础架构开发者告诉我,他现在已经过于习惯使用 GitHub,以至于当他在某个使用其他问题追踪器的项目中发现 bug 时,他甚至都不愿去提交问题——因为工作量太大了。

2015 年,Babel 的作者塞巴斯蒂安 · 麦肯齐(Sebastian McKenzie)在 Twitter 上抱怨称:"GitHub 在管理大型开源软件的表现太糟糕了,我经常感到不知所措,UI(用户界面)根本不能很好地放缩。"[88] 之后,他尝试将 Babel 转移到了 Phabricator。不到一年后,开发者们又将他们的问题追踪记录迁移回了 GitHub。也许 Phabricator 的某些工具更加强大,但是大部分人并不熟悉它。比起花功夫去熟悉一个新的问题追踪软件,Babel 的用户更倾向于在 Twitter、其他不相关的代码库或者评论区下提交他们的问题。当时,有 Babel 的维护者提到,"我们只有很少的长期贡献者,并且像其他大部分项目一样,维护者的人数也不多。如果打算扩大贡献者团队,我们至少得降低门槛,使用 GitHub 来开展工作"。[89]

用户采用情况指的是一个项目的影响范围:贡献者的目标市场是什么?有多少人有潜在的可能来为项目做出贡献?开源项目的大多数贡献者都是从一名用户开始,因此分析用户采用情况是评估一个项目的潜在贡献者规模的启发式方法。

例如,尽管 Go 语言拥有一个强大而活跃的开发者社区,但它并不像 Python 那么应用广泛。Stack Overflow 在 2019 年的开发者调研中发现,41.7% 的受访者使用 Python,而使用 Go 的开发者仅占 8.2%。[90] 因此,我们会认为与 Go 相关项目的潜在贡献者总数比 Python 要少。

总的来说,这些因素可以帮助我们识别"大"或"小"的开源项目到底指什么。Bootstrap 在用户采用率上是一个"大"项目,而在技术范围上是一个"小"项目,因此只有两个开发者（mdo 和 XhmiosR）负责其绝大部分的提交就不足为奇了。[91]Bootstrap 确实在一段时间里拥有较大的提问量（或者需要的支持），所以另一个开发者 Johann-S 在回复 Bootstrap 的开放问题（open issues）时更加积极，而提交的代码量相对较少。

这些因素也会以非直观的方式影响项目。一个项目如何吸引新的贡献者和如何保留现有的贡献者是有区别的。例如，较高的准入门槛可能会使通过考验的开发者产生成就感并激发更大的兴趣。

奇怪的是，一些代码凌乱的老项目也能吸引小批十分敬业的贡献者。对于开发工具来说也一样：多位 Go 语言开发者曾向我承认比起 GitHub 他们更喜欢将代码提交至 Gerrit，因为这样能减少很多杂音。另一方面，用户采用情况较高的项目可能产生某种旁观者效应：没人愿意为项目做出贡献，因为他们都认为会有其他人来做这件事。虽然这些因素如何影响贡献者数量的增长取决于具体的项目内容，但关键在于它们确实会以某种方式影响项目的发展。

在关注贡献者与用户之间的关系时，我们可以根据贡献者增长和用户增长将所有项目分为四类生产模式：联邦模式、俱乐部模式、玩具模式和体育馆模式。

	高用户增长	低用户增长
高贡献者增长	联邦模式（如：Rust）	俱乐部模式（如：Astropy）
低贡献者增长	体育馆模式（如：Babel）	玩具模式（如：ssh-chat）

按用户和贡献者增长分类的各种类型的开源项目

联邦模式

联邦模式适用于具有高贡献者增长率和高用户增长率的项目。在想象一个具有该特点的开源项目时，我们通常会想到由埃里克·S.雷蒙德首先提出的"集市"概念。这样的项目虽然不多，但极具影响力：正像大多数创业公司最终不会成为

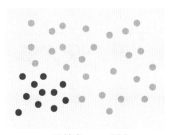

● 贡献者 　用户

Facebook 一样，大多数开源项目最终也不会成为 Linux。尽管联邦项目仅占开源项目的一小部分（根据一项调查表明不到 3%），但由于单个项目规模庞大，它们吸引了开源社区最多的注意力。[92] Rust、Node. js 及 Linux 均是联邦模式的例子。

联邦模式类似于公司或者非政府组织。从治理的角度来看，它们的管理更加复杂，会倾向于通过设立投票、领导职位、基金会、工作组和技术委员会等方法来解决贡献者社区的协调问题。这些被选出的贡献者再去为更广大的被动用户群体做决策。

随着贡献者社区的发展，联邦通常会将贡献者拆分为更小的工作组，在这些工作组中，维护者专注于项目的某些领域，如基础建设或社区建设。联邦模式还会经常采用 RFC（评论请求），类似于投票倡议，来管理项目的主要变更提议。

然而，这些工作组可能仍旧会遇到与拆分之前同样的瓶颈问题，这些问题会被归咎于负责该部分的维护者领袖身上。因此一些联邦项目，例如 Node. js 也在尝试更自由的贡献策略，[93] 开源开发者彼得·欣廷斯（Pieter Hintjens）曾称其为"乐观合并"策略。[94] 这些维护者尝试更广泛地分配管理权限，而不是独自把关所有新提交的贡献，这么做能鼓励更多的人成为活跃的贡献者。比起复杂的管理制度对开发者热情的遏制，自由贡献策略给了开源项目更多拓展和成长的空间——如同一簇星星之火。

俱乐部模式

俱乐部模式指具有高贡献者增长率和低用户增长率的项目，这种发展趋势使得贡献者和用户群体大致重叠。虽然用户的总体数量较少，但他们更有可能作为贡献者参与进来。例如，Astropy 是一个为天文学和天体物理学研究者提供核心功能和辅助的 Python 包。虽然大多数开发者不会用到 Astropy，但其相对狭窄的关注点使它更容易招募到贡献者，并使得那些依赖 Astropy 进行工作的人之间保持紧密联系。[95]

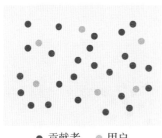

● 贡献者　　● 用户

Clojure、Haskell 和 Erlang 之类的编程语言，它们没有像 Java、C＋＋和 Python 那样被广泛使用，但是这些语言在某些领域有其特长，无论是数学还是电信。（一位开发者曾经半开玩笑地告诉我，只要学会了 Haskell 就意味着你拥有了铁饭碗，因为对于招聘 Haskell 开发者的公司来说，能找到写 Haskell 的程序员就很不容易了）

俱乐部模式类似于聚会或者兴趣小组：它们只吸引一小部分用户，这些用户后来也成为了贡献者，因为它们对项目背景有较深的理解并且能在团队中感受到亲切感。俱乐部模式的受众可能不广，但它们是被一群爱好者所喜爱并建立的。

只要还有一小批开发者继续使用和贡献一个项目，这个项目就能无限期地存在下去，无论它能拥有多少用户。§ 就像一些晦涩难懂的网络留言板，或是那些已经过气了的在线社区依旧能保持运营一样，俱乐部模式往往是稳定的，只要在老成员退出的同时还能有足够的新成员加入。

山下和弘（Kazuhiro Yamashita）等人用"磁性"和"粘性"来描述贡献者留存现象，这两个词语最早由 Pew 研究中心提出用于描述人口迁移趋势。[96] 具有"磁性"的项目是指那些能够吸引大量新贡献者的项目，具有"粘性"的项目是指大部分贡献者正在持续做出贡献的项目。

成功的俱乐部项目具有高粘性，即使它们无法吸引到那么多的新贡献者，但它们依旧能够留住大量已经加入的贡献者。只要这些贡献者能留下来，并且俱乐部能够持续吸引足以保持项目活跃的新贡献者加入，这些项目就能持续地、自给自足地存在。

和联邦模式一样，俱乐部模式也需要吸引新成员，但它们在寻找新鲜血液的时候往往更有选择性，对参与者的综合素质往往有更高的期望。在俱乐部模式中，大部分用户都同时是贡献者：你要么加入，要么退出。因为俱乐部模式的社区规模要小很多，跟大多数用户并非开发者且工作量充足的联邦模式相比，每一位参与者对项目的影响要更大。这就和生活在小城镇和大城市的区别一样：在城市里，社区很容易分成更小的群体；但在小城镇里，大家都彼此了解，会更热衷于关心人与人之间的家长里短。

玩具模式

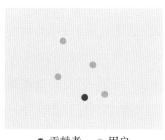

● 贡献者　● 用户

玩具模式指贡献者增长率和用户增长率均较低的项目。就本书而言,它们可能是分析起来最无趣的开发模型,因为它们实际上就是个人项目。玩具项目可能就是一个业余项目或一份周末作业。也许在未来它们会被更多人使用,但在当前阶段,它们只是单个开发者为了好玩而随意摆弄的东西。例如,开发者安德烈·彼得罗夫(Andrey Petrov)做了一个名为 ssh-chat 的项目,这是一个允许用户通过 Secure Shell(SSH)协议聊天的客户端。尽管该项目在 GitHub 上获得了几千个星,但它只是一个有趣的实验,不需要太多的维护工作,也并不需要扩展它的用户量。[98]

GitHub 上获得的星数小于 10 的项目也属于玩具项目(虽然星数不是衡量项目受欢迎程度的最佳标准,但这一指标能告诉我们至少有多少人看过这个项目)。这些项目可能有一个开源许可,但在当前阶段它们的作者并不期望能够获得许多贡献,他们也不认为有人在关注他们正在做什么。

体育馆模式

体育馆模式指具有低贡献者增长率和高用户增长率的项目。虽然他们可能偶尔会收到一些非长期开发者的贡献,但他们的长期贡献者数目并不随着用户数目同比例增长。因此,这样的项目往往只有一个或几个主力开发者。许多被广泛使用的包和库都适合这个模式,包括 webpack、Babel、Bundler 和 RSpec。如今,体育馆模式变得越来越普遍。

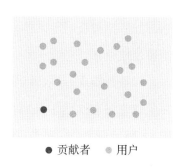

● 贡献者　● 用户

在体育馆模式中,一个或少数几个维护者代表更广泛的用户群体做出决策。不同于联邦模式或者俱乐部模式的社区是无中心的,体育馆模式的社区采用了一种中心化的结构，以其维护者为中心。无中心的社区以多对多的交流为主，而中心化的社区采用的是一对多的社交结构。

人类学家斯宾塞·希思·麦卡勒姆（Spencer Heath MacCallum）称这些为专有社区，在社区中由公认的所有者"将整个社区的每位成员串联起来"。[99]（文中提到的"所有者"并非是指其对整个社区拥有商业性质的所有权，而是指项目的所有者或者项目中大家公认的开发者，社区中的交流都由他/她来主持）酒店、商用飞机和家庭露营公园都是现实世界中专有社区的例子。这些社区中的客人、游客和居住者通过一位中心所有者——酒店拥有者、航空公司或者公园管理者来相互联系。

同样地，在网络世界，中心化的社区也由独立的创造者建立，这些创造者"为社区提供空间来'促进'社区中的每一项活动进行"，因此他们的任务是维持整个社区的运作。[100]社区之所以存在，是因为其创造者为人们提供了一个能够聚在一起的地方。一位电竞玩家是这样解释这种现象是如何在 Twitch 上发生的："每位主播都有一个小社区，看他们的人互相喜欢，因为他们基本上都是被同一个人所吸引。"[101]

与去中心化的社区相比，中心化的社区并不是特别依赖制定好的社区治理规章，因为社区中的互动行为主要发生在社区创建者和他们的用户之间，而不是长期贡献者之间。由创建者，而非他们的用户，来"对社区的基本经济结构负责"。[102]

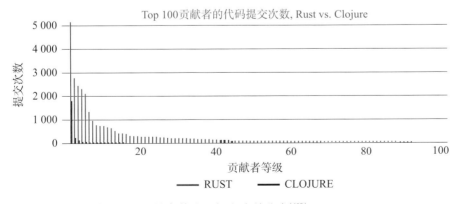

Rust 与 Clojure 前 100 位贡献者的代码提交次数分布[103]

体育馆模式中,工作分配的不平衡一定程度上可以用供给侧的规模经济来解释。软件就像现实中的基础设施(道路、公用事业、电信)一样,其初始的固定生产成本高,而持续投入的边际成本低。换句话说,项目起步时成本很高,但每增加一个用户所需的成本相对较低。

电力公司的前期成本很高,但当基础设施架设完成后,每增加一个客户的服务成本就越低。因此,受规模经济的影响,这些类型的行业往往会形成垄断市场。集中承担高昂的固定成本的方法更经济,而且新入行者又难以达到这一门槛。

类似地,当我们在为一个开源项目提供劳动力时,增加新的维护者是"昂贵"的,因为维护者通常要具备一些需要一定学习成本的知识。所以新加入者倾向于做一些日常性质的贡献,而不是参与到更复杂的项目管理任务之中。

考虑到加入维护者团队所需的高学习成本,维护项目所需的知识往往集中在一个或几个人身上。如果不向他人传授这些知识,新人就难以参与进来。

一个开源项目在不同时期可能会在上述四种模式之间转换。随着用户增长率的变化,早期俱乐部模式的项目可能发展为联邦模式的项目;同样,玩具模式也有可能发展为体育馆模式。一些项目可能用户增长率较高,但由于不合理的贡献规则等因素,人为地降低了贡献者增长率。维护者可以通过简化贡献要求,或者缩小技术范围的方法来使他们的项目由体育馆模式转化为联邦模式。

那些去中心化的社区,如俱乐部模式和联邦模式的社区,具有高贡献者增长的潜力。这些项目的未来取决于新贡献者的招募,以及能否做到尽量减少不同贡献之间的冲突。早期为 Node. js 工作的迈克·罗杰斯在他的博客文章《健康的开源》中描述了这种模式:

> 制定(Node. js 的贡献)规则的目标是为了吸引新贡献者并尽可能地留住他们,然后再让这些贡献者去管理涌入的新人和对应的贡献,如此循环往复……
>
> 在制定决策时,要避免复杂的等级制度。相反,应当建立一个扁平化的、不断壮大的、拥有自主决策权的贡献者团队,这样才能在无干涉的情况下推动项目的发展。[104]

相比之下，中心化社区的运作则是基于有限的关注。作为社区的所有者，创造者必须亲自管理用户需求。因此，他们更倾向于依赖自动化、分布式的点对点支持，并且会更加激进地消除噪音。虽然所有的热门项目都能够使用这些方法，但它们是体育馆模式的必需品。

与俱乐部模式和联邦模式相比，体育馆模式的这一特点凸显了开源平台在实现中心化社区中的关键作用。去中心化的社区，无论是大型的在线论坛还是小型的群组聊天，总是难以明确自己的一亩三分地何在。曾经协助知名在线论坛"吓人玩意"（Something Awful，SA）运营的乔恩·亨德伦（Jon Hendren）回忆称，当他们网站的流量逐渐减少时，"我们中的大多数人都去了推特或其他网站"。[105]但是，他还补充道："某种意义上我们本身就是社区……大部分在 DM 组的人都是和我一起共事了 12 年的同仁，我们的社区并没有消亡，只是换了个地方。"

类似地，一个面向 40 岁以上女性的社区"What Would Virginia Woolf Do?"在转移到自己的平台之前，它的 Facebook 群组成员已经超过了 3 万。对于一个如此规模的社区来说，Facebook 更像是一个麻烦而不是一个赖以生存的平台。该组织的创始人妮娜·洛雷斯·柯林斯（Nina Lorez Collins）向记者解释说："Facebook 是一个扁平化的平台，在 Facebook 上同时管理 38 个（子）群组（包括不同主题、地域和管理员）是一件十分棘手的事情，而 Facebook 官方没有给我们提供丝毫帮助。"[106]柯林斯认为，"唯一的出路就是采取订阅模式并搭建一个自有 App，在那我们才终于能够……掌控属于我们自己的天地"。另一方面，创造者被平台所提供的支持所束缚，因为平台能大幅降低他们的成本，使他们比起单打独斗能够完成更多的事情。

这些项目模型之间的差异并不存在精确的定义。虽然在任何一个极端，我们都可以看到明显的差异：我们可以说 Linux——一个具有多个子项目和工作组的项目，看起来不像 tslib——一个用于编程语言 TypeScript 的助手库，但是中间的界限就有些模糊。有些项目有四五个维护者；另一些项目有很多的贡献者，但他们并没有深入参与到项目中。

不同的项目类型在如何有效地管理贡献者社区上有不同的特点。作家凯文·西姆勒（Kevin Simler）在研究开放社区和封闭社区之间的差异时提到："如果你正在筹建一个跳蚤市场,那么要求对所有买家和卖家进行背景调查或者需要推荐信才能加入,显然是无益的(更不用说这很荒唐)。但如果你经营的是钻石经销商,也许这些措施就是必要的。"[107]在明确了这些极端情况后,我们才能更好地分析那些中间情况。

---

* 根据维基百科,"Ptychobranchus subtentum,又称槽形肾壳,是淡水贻贝的一种,属于河蚌科水生双壳类软体动物"。[65]

† 我的一位受访者把 Drupal 项目比作巴斯克人,以此来描述 Drupal 的文化和历史。像巴斯克的自治社会一样,Drupal 处于自己的领域中,与外部隔绝;由于项目不在 GitHub 上,Drupal 的开发者制定了他们自己的规范,这些规范受到主流开源实践经验的影响,但与其又有所差异。

‡ 感谢德文·祖格尔(Devon Zuegel)提的这一类比。

§ 2019 年在 Gizmodo 发表的《Twitch 的温柔面》一文中,妮可·卡彭特(Nicole Carpenter)提到了一些 Twitch 主播,他们的观众规模较小,但观众的参与度很高。她采访的其中一位主播詹妮弗·钱伯斯(Jennifer Chambers),她给"虽然不多,但很忠实的观众"直播她的编织过程,"对于钱伯斯而言,在 Twitch 上直播并不像一个音乐家在体育场中为座无虚席的粉丝表演,而是像在一个编织同好会"。[97]

03
角色，激励和关系

"直到最近你依然网络在线是有原因的。我在咖啡馆里见到人,但不会因为有 30 亿人突然走进咖啡馆而不得不离开。"(译者注:网络社区存在的原因是共同的目标。早期开源是因为兴趣爱好,好比我和朋友们约了在一起喝咖啡,人越来越多,最后挤满了人。我其实已经想走了,只不过因为共同的目标,不能马上走)

——斯塔尔·辛普森(STAR SIMPSON),通过 Twitter[108]

虽然今天我们对于自由分享我们所做的东西感到很平常,但开源的早期成功吸引了大量学者和经济学家,是因为它违背了以往我们关于人类怎样以及为什么创造一切的认知。

开源开发者经常被称为"业余"开发者(最著名的是比尔·盖茨在 1976 年的"致电脑爱好者的公开信",我们后面会提到),因为当时的假设是,只有公司才能制造"真正的"软件。卡尔·夏皮罗(Carl Shapiro)和哈尔·瓦里安(Hal R. Varian)于 1999 年出版的《信息规则:网络经济的策略指导》(*Information Rules: A Strategic Guide to the Network Economy*)被广泛认为是信息商品经济学的权威著作。书中就表现出作者对开源软件的不屑一顾,将软件视作为一种由公司来买卖的商品。

一旦公司开始将开源用于商业目的,并且人们意识到这些"业余项目"原来能够与受薪员工开发的软件去竞争,学者们就不得不去想出一个新的框架来解释这种行为。

以前,我们会以罗纳德·科斯(Ronald Coase)的公司理论为模型,去理解人们如何以及为何制造东西。该理论提出,firms(即公司、组织和其他拥有集中资源的机构)的出现是为了减少市场上的交易成本。[109]科斯告诉我们,只有公司才会做软件,因为从协调的角度来看,在同一个组织内去管理完成这样一个壮举所需的资源,往往是最有效的。

相比之下,在 20 世纪 90 年代末至 21 世纪初备受关注的开源项目——为操作系统提供动力的 Linux 内核、HTTP 服务器 Apache、操作系统 FreeBSD、桌面环境 GNOME——都是由超越雇主关系的、分散的开发者群体开发的。

科斯的公司理论未能解释为什么这些开发者会找到彼此并一起创作软件。一方面,开发者缺乏正式合同和经济补偿;另一方面,就交易成本而言,与跟自己的同事一起编写软件相比，与无关联的人合作开发开源软件显得十分"昂贵"。

但有些人注意到这些开源项目像社区一样运作，因而将这些项目的行为描述为"公共事务"（commons），意思是由社区拥有、使用和管理的资源。这些社区依靠自主治理的规则来管理资源，而不是外部干预，以避免过度供应或耗尽。

"公共事务"理论

20世纪后期，经济学家埃莉诺·奥斯特罗姆（Elinor Ostrom）花了几十年时间研究"公共事务"繁荣的条件，如森林、渔业、灌溉系统和其他公共池塘资源。*她试图了解人们如何在公地中进行生产，以及为什么一些资源能够成功地自我管理，从而避免所谓的"公地悲剧"（即人们从自身利益出发而不是从集体利益出发导致资源耗尽）以及对市场或政府干预的需要。

通过研究，奥斯特罗姆确定了有助于良好治理、成功共享的八个设计原则：

1. 明确界定成员边界。

2. 公地治理规则应与实际情况相符。

3. 受这些规则影响的人能够参与对规则的修改。

4. 监督规则的人要么是社区成员，要么是对社区负责的人，而非外人。

5. 违反规则的人将受到分级制裁，制裁的程度取决于违规的内容和严重性。

6. 冲突应在社区内使用低成本的方法解决。

7. 外部当局认可社区成员设计自己机构的权利。

8. 如果公地是一个更大的系统的一部分，其管理规则被组织成多个"嵌套"的权力层。[110]

从主题上看，这些条件都指向了对强烈的群体认同感的需要，这使得规则、争端解决和制裁（即纠正行动）等治理过程更有意义。

当社区的边界被明确界定时，成员们知道谁属于这里，谁不属于这里。他们撰写治理自己社区的规则，并且重视社区和谐，这就促进了相互信任。

成员贴现率低（可以理解为将来的钱折算到现值），意味着自身利益在其中，意味着他们打算在社区中参与一段时间。这意味着制裁本身，甚至是制裁带来的威胁有助于有效地制定社会规范，因为成员关心的是会不会被踢出社区。当有人行为不当时，他们可能会受到"官方"仲裁人的惩罚。同时，他们很快会受到同伴的羞辱，这是一种非官方形式的制裁。

低贴现率也意味着成员倾向于合作。就像和陌生人被困在电梯里，如果被卡住了一段时间，大家更倾向于找出使事情顺利进行的策略，比如制定治理程序来处理未来的纠纷。

就像奥斯特罗姆案例研究中的渔业一样，网络社区在历史上可以被理解为一群自我组织但互不联系的村庄。奥斯特罗姆在其职业生涯的后半段将她所观察到的原则应用于"数字公地"，在那里知识是共享的资源。

例如，一个在线论坛有固定的成员，他们有别于新来者、潜伏者或临时发帖者。这些成员已经形成了一套社会规范，这些规范对于新来者来说可能并不清晰可见，但在核心群体中是众所周知的，并被强制执行。

早期的在线论坛，如 Usenet 和 MetaFilter，都是依靠自我定义的社会规范来管理社区行为。当代网络社区的例子可能包括 Reddit 或 Facebook 群组，其中每个分区（subreddit）或小组都具有独特的身份和文化。虽然某些成员占据独特的角色，但这些社区中的主要社会互动模式是分布式的，或多对多的。

我们为什么要加入这些公共社区？

奥斯特罗姆在公共领域的研究成果帮助我们理解人们合作生产软件的条件：开源的俱乐部和联盟。在 21 世纪初，尤柴·本克勒（Yochai Benkler）将奥斯特罗姆的发现应用于网络世界，扩展了奥斯特罗姆的模型。他在 2002 年的一篇名为《科斯的企鹅，Linux 和企业的本质》(*Coase's Penguin，Or，Linux and 'The Nature of the Firm'*)（标题参考了 Linux 的吉祥物——一只企鹅；在这篇文章中，本克勒大力借鉴开源软件的例子来证明他的观点）的文章中将这种公共结构称为共同对等生产（CBPP）。

本克勒观察到，人们在网上合作除了带来个人满足感之外似乎没有明显的原因。考虑到交易成本应该更高，他试图了解人们在科斯的公司之外（比如，在业余时间）如何以及为何会这样做。

如果说奥斯特罗姆给了我们关于公共领域的组织理论，本克勒就帮助我们理解为什么个体成员会参与公共社区。本克勒认为，如果个人有动力去做某件事，协调成本就会降低。[111]与需要去要求、评估、雇用和管理员工的公司不同，开源社区的成员只是根据谁最想做工作(工作兴趣)进行自我组织。

此外，在一家公司，只有员工才能完成某项工作，这受到他们工作职能的限制。但是在公共社区，任何人都可以偶然发现一个广告上的任务，然后自愿参加。通过删除"财产和契约"，公共社区理论上将以较低的成本选出最适合这项工作的人。

想象一个破冰游戏，从一月到十二月，一群陌生人必须根据每个人的生日排队来参与。他们是如何快速做到这一点的？一个策略可能是让每个人在一张纸上写下他们的名字和生日，然后选择指定的领导者从纸上读取姓名，并将每个人分配到正确的位置。但更常见的结果是每个人都负责一部分。一个人喊道："一月，这边！"另一个人则为三月的生日举手。一旦每个人都按月份进行聚类，这些小群组就会按天进行自我组织，最后再把他们的部分加到主群中。

科斯的公司理论看起来更像前者，而本克勒的共同对等生产理论则类似于后者。就协调工作而言，指定一个人担任领导可能成本较低，领导的工作是从每个人那里收集信息并让所有工作有条不紊。但当一群关系松散的陌生人乐于参与而且没有人正式负责，那么更有可能的是，一群人会同时做志愿者。内在动机使人们更容易自我组织来完成一件事。

本克勒谨慎地强调，他不认为基于公共社区的同侪生产总是比公司好，但这是另一种可能的结果：

> 我并不是说同侪生产将取代市场或公司，也不是说它是信息和文化生产的更有效率的模式。我要说的是，这种新兴的第三种模式：(a)有别于"市场和企业"；(b)在确定和分配人力资本/创造力方面比其他两种模式具有一定的系统性优势。[112]

本克勒认为实现基于公共社区的同侪生产的必要条件包括内在动机、模块化和细粒度任务以及低协调成本。

内在动机是公共开源社区的货币，成员做工作是因为他们想做。在开源的情况下,假定开发者参与是因为他们喜欢编写代码。

例如,吉多·范罗苏姆在寻找一个"能让我在圣诞节前后一周都有事可做的出于爱好的编程项目"时,编写了 Python 编程语言。[113]莱纳斯·托瓦兹发布 Linux 内核和操作系统,称其"只是一个爱好,不会太大,也不会太专业",[114]然后发布版本控制系统 Git,称其是"一些试图更快地跟踪事情的脚本"。[115]

本克勒提出,为了保持人们的积极性,任务必须是模块化和细粒度化的:

> 当一个任何规模的项目被分解成小部分,每个小部分都可以由一个人在短时间内完成时,让任何一个人做出贡献只需要非常小的动机。[116]

模块化是指项目的组织方式。它能被分解成清晰的子组件吗? 它们能轻松地重新组合在一起吗? **细粒度**是指每个模块的大小。任何人都应该很容易投入并完成任务,而不需要太多已有的知识。

这种模块化的、细粒度化的软件开发方法体现了 Unix 的哲学,它源于 Unix 操作系统的开发者,对开源软件的设计产生了重大影响。正如它的开发者之一道格麦·克罗伊(Doug McIlroy)所建议,"写一次只做一件事,并能把这件事做好的程序;写互相协作(调用)的程序"。[117]

最后,本克勒建议,低协调成本在公共社区中是必要的。在开源中,协调成本包括"模块的质量控制"(比如审查代码)和"将贡献整合到成品中"(比如合并 PR)。[118]

协调工作的成本是昂贵的,因为它没有内在的动机(例如,开发者倾向于编写代码,而不是审查别人的贡献)。而且任何试图委托工作的人都会发现,自己做事通常比教别人做事更快。

维护者最大的协调成本来自于审查和合并新的贡献,因此有理由降低这些成本。当协调的成本超过收益时,社区作为一种有用的生产模式就破裂了。

社区理论有助于解释开发者的奇怪行为,这些行为似乎不受金钱的驱使,从而促成了开源的早期成功。它解释了由大型分散社区构建的开源项目的成功,比如网络应用框架项目 Ruby on Rails。

基于公共社区的同侪生产也解释了为什么一些开发者认为钱和开源不能混

为一谈。如果生产是依靠内在动机运行的，那么金钱就是外在动力，会干扰已经协调好的系统。虽然社区可能不像公司那么有利可图，但它也更有弹性，因为它的交易货币是参与的欲望，而不是金钱。

开发了 Ruby on Rails 的大卫·海涅迈尔·汉森（David Heinemeier Hansson）大力提倡基于公共社区的开源生产方式：

> 外部的、期望的奖励减少了筹集公共力量的开源贡献者的内在动机。它有将一个公共社区的平等贡献者转变为事物终端的风险。这种买方-卖方的结构框架削弱了同侪合作者的魔力。[119]

但并不是每一个开源项目看起来都像一个公共社区。体育场模式有一个或几个维护者，围绕着他们的都是临时贡献者和用户。这种结构涉及一对多的活动，而非多对多的活动。我们今天的在线行为越来越像这类集中型社区，只有一个或几个创造者吸引了更大的人群。

没有公共社区的安全网，体育场模式需要以不同的方式组织工作。去中心化的公共社区根据对工作关注的丰富程度来优先安排工作：鼓励新的贡献者，发展治理流程，提高参与度和保留率；而创建者根据注意力的稀缺程度对工作进行优先排序：拒绝贡献，关闭问题，减少用户支持。虽然公共社区的任务是解决协调问题，但创建者是出于治理的需要而指定的。

乔什·勒纳（Josh Lerner）和让·梯若尔（Jean Tirole）的《开源的简单经济学》（*The Simple Economics of Open Source*）出版于 2000 年，但其中包含的分析和观察到今天仍然有意义。这篇被广泛引用的论文质疑"公共社区"在开源中是否是一个好的解决办法，或者只是暂时的现象：

> 开源项目的管理是否能够容纳越来越多的贡献者？所研究的每个开源项目的贡献频率和质量似乎都存在严重的偏差，少数个人（或最多几十个人）占据了极大比例的贡献，大多数程序员只提交了一两份贡献。如果大量低质量的贡献越来越普遍，那么未来可能会有重大的管理挑战。[120]

今天我们为什么会看到更多的中心化社区？平台让人们更容易在社区之间流动，从而加速了这种转变，这使得集体认同更加容易渗透。在开源的例子中，这个平台就是 GitHub。

平台是如何打破公共社区的

在开源项目转移到 GitHub 之前，每个项目都可以被看作公共社区项目。一个项目中可能有很多活动，但不同项目间却没有明确的关系。在公共社区中，项目成员对代码的所有权有着共鸣，用户被视为潜在的贡献者。如果你发现了问题，应该卷起袖子去解决它。

GitHub 是一个高效的系统，它改变了开源软件的生产方式。尽管每个项目都有自己的社区和技术规范，但参与一个不熟悉的项目的障碍远比以往要低得多。在某种程度上，抛开编程语言和具体功能，如今 GitHub 上每个项目的首页看起来都大同小异。每个项目都有一个首页，其中包含 README 文档、下载代码的区域、一个问题跟踪页和一个 PR 的列表。

有些人喜欢抱怨 GitHub 的同质化效果，但在开源领域发生的事情与互联网其他领域发生的事情并没有太大区别。在平台出现之前，网络世界是由论坛、博客和个人网站构成的零散集合。人们可能对某个特定的留言板有一种亲近感，但因为人与人之间基本上是彼此回避和隔离的，所以他们对留言板背后的其他人一无所知。

直到 2006 年，当 Facebook 引入 News Feed 时，互联网才构建起网络高速公路。就像是道路和桥梁（即超链接和新闻提要）将以前无法互通的乡村小镇连通起来，在曾经无法彼此触及的地带之间架起了道路。博主尤金·魏（Eugene Wei）对 News Feed 的影响描述道：

> 在科技史上，甚至是世界史上，Facebook 的 News Feed 创造了历史上最大的社交资本热潮……
>
> 通过将你关注的所有用户的更新动态合并成一个连续的页面，以此作

为用户登录后的默认页。在提高新帖子的分发效率的同时，每个帖子都有对应更新的时间戳，使得所有帖子彼此间有效地集合成一个吸引眼球的舞台。聚光灯不再是单一地照射在舞台中央，仿佛"环形舞台被颠倒了"。突然间，每个人在 Facebook 上都有了自己的表演舞台，人们意识到彼此都在同一个礼堂中，在一个巨大的、无限相互连接的舞台上，向众多的观众演唱卡拉OK。[121]

　　高速公路将城镇连接起来，从而改变了社区的基本社会结构。公路使思想迁移和文化交流成为可能。如果没有高速公路，居民往往会待在他们长大的城镇里，而当这些通道打开时，集体认同就会受到侵蚀。人们发现自己"加入了一场才艺表演"，与陌生人竞争，而不是拘泥于"在小部落中争夺地位"。

　　人类学家迈克尔·韦施（Michael Wesch）用"语境崩溃"（context collapse）一词来描述 YouTube 对人们在网上展示自己的方式的影响。不同于在特定的背景下进行面对面的互动，YouTube 的创作者会体验到"进入某个时刻的录影时一系列语境的相继崩塌"（An infinite number of contexts collapsing upon one another into that single moment of recording）。[122]

　　当韦施关注语境崩塌对个体的影响时，发现在线社区经历着各自的语境崩塌，特别是当平台将"环形舞台"转向自己时，引入了大量的新访客、观众和路过的游客。由于每个人都行动自由，社区的集体认同被个人认同所取代。

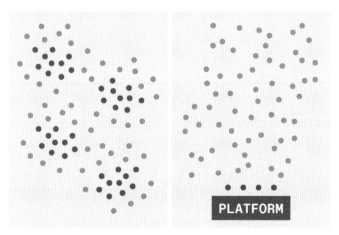

打破公共社区：从去中心化的社区到被困于平台中

如今,大多数开发者可以随意地跨项目进行交流,哪怕对整个事情都不甚了解。这些发展对奥斯特罗姆在公共事务上的定义,以及扩展到对目前开源软件如何以及为何产生的理论,都提出了问题,增加了挑战。

例如,为了使处罚(的威胁)有效,公共社区需要凝聚力。但如果开发者不把自己当做公共社区的"成员",他们可能并不介意被羞辱或被踢出去,甚至可能会在这种冲突中苗壮成长。

对在线社区进行过大量研究的研究人员罗伯特·E. 克劳特(Robert E. Kraut)和保罗·雷斯尼克(Paul Resnick)指出"人们会处罚不当行为,因为从长远来看,这样做会提高他们所在群体的福利"。[123] 但是"挑衅者和操纵者不是社区良好运作的直接受益者,他们是局外人。这个问题很难解决,因为社区处罚可能没有效果,实际上,反而会增加挑衅者的活动"。[124]

在开源项目中定义成员边界是最难解决的问题之一。我们可以从实施任务和行为准则(code of conduct,管理社区可接受行为的政策)中看到这种困难。

近年来,为开源项目制定行为准则变得越来越普遍,有时在制定过程中,会引起那些认为行为准则具有政治动机的人与其他不懂如何执行行为规范的人之间的激烈争议。这些对话围绕着一个核心问题——谁有权力为给定社区制定政策。

2015 年,一个围绕行为准则的著名争议发生在 Opal(一个从 Ruby 到 JavaScript 的编译器项目)上,这一事件被称为"Opal 门"事件(Opalgate)。Opal 的一个维护者在 Twitter 上发表了关于跨性别人士的评论后,他的评论促使 Ruby 开发者在 Opal 上提出了一个主题为"应当从项目中剔除具有跨性别恐惧症的维护者"的 issue。开发者链接到这条推文,并质问:"这是其他维护者希望在项目中反映的内容吗?有跨性别的开发者愿意为之妥协吗?"[125]

另一名项目维护者迅速关闭了这个问题,并回击道:

> 如果您希望他被剔除,请您立即从事 Opal 的工作,并且做出和他一样的贡献,这样我们就有了一个定位更加符合您道德和观点的替代者。
>
> 提示:你办不到,因为你无法做出和他同样的贡献。

这个 issue 逐渐变成了辩论的战场，外部开发者纷纷加入自己支持的一方，直到几天后另一位维护者锁定了该 issue，阻止了进一步的评论。之后，整个对话转移到为 Opal 添加行为准则的长 issue 上，并且最终被采纳。[126]

Opalgate 表面上是关于维护者的个人政治观点是否应该影响他们参与项目的能力，但实质上问题爆发的另一个原因是它是由 Opal 贡献者社区之外的开发者提出的问题，并吸引了大量局外人。但是，如果任何开发者都应该能够参与时，是什么来界定开源领域的局外人呢？如果每个人都是潜在的贡献者，那么谁来制定、执行和遵守规则呢？

克劳特和雷斯尼克指出，一个社区需要"保护自己不受新来者的潜在伤害"[127]，因为新来者可能会破坏已有的社会规范："因为新人还没有对团队做出承诺，也没有了解团队的运作方式，所以现有团队成员不信任他们是合理的。"[128]

"新来者效应"也被称为"永恒的九月"问题，这是早期在线社区 Usenet 的成员创造的一个术语。每年九月，由于新学生首次获得访问权限，大量涌入该社区。但是，一旦 America Online（本身是一种早期的高速公路系统）开始提供 Usenet 的访问权限，该服务提供商就将社区暴露给源源不断的新用户，创造了一个"永恒的九月"。

克劳特和雷斯尼克进一步指出，成功的在线社区需要"指定正式的处罚规则，让实施处罚具有合法性"[129]，并指出这一角色通常由仲裁人员扮演，相比于没有正式角色的人，他们不太可能引发戏剧性事件或报复。然而今天，情况似乎出现了逆转。试图保持自己权威的维护者将无意间创建一个吸引更多外部人进入其社区的信标，如 Opalgate 所示，将冒着招致更多愤怒的风险。

当问题涉及维护者本身时，确定谁应该拥有治理权显得极为困难。是维护者有最终发言权，还是社区应该能够影响结果？

遵从自己的社区似乎更明显地与民主价值观相一致，但开源的分布式特性使得实现这个理想具有挑战性。在缺乏明确的成员边界的情况下。如果维护者遵从他们的社区，他们又该如何评估整体的意见呢？各国都有公民身份和选区，但是开源项目对任何人开放。当某人对 Opal 做出了一次的贡献，这是否就意味着他的身份等价于首席维护者那样的"贡献者"？倘若不知道社区的实际人口，又如何确定持有支持和反对意见的开发者是否仅仅代表少数人的声音？

前一种选择（遵从维护者）会带来对自身的挑战，因为维护者并不总是同意彼此的决策。2018 年，Lerna（一种用于管理 JavaScript 项目的工具）的维护者决定在 MIT 许可证中添加"禁止 ICE 合作者"条款，"ICE 合作者"即与美国移民与海关执法局合作的公司。在 PR 的内容中，维护者解释说："看到 ICE 对美国移民所做的事情，我感到非常不安，许多大型科技公司通过为 ICE 提供基础设施，并在某些情况下为它们做重要的开发工作。"[130]

虽然在 PR 提交之前已经和其他两个利益相关者讨论过这个决定，但 Lerna 的其他维护者并未一致支持该决定，并且该决定获得的支持反响不够强烈。事先商议过的一个开发者是 Lerna 的作者，他在 PR 评论中澄清说："我个人不会做出这样的改变。但我尊重项目现有维护者的决定，因为我不认为这个项目是我个人的。"另一位商议过的维护者第二天撤销了更改，并向所在的 Lerna 社区道歉，解释说："尽管有最崇高的意图，但我现在很清楚，这种改变的影响几乎 100% 是负面的。"[131] Lerna 的维护者也决定移除提出许可证变更的维护者，因为"在相当长的一段时间里，他已经决定停止做出建设性的贡献。"

因此，即使在一群表面上称为"Lerna 维护者"的人中，他们的影响力也是很难说清的。Lerna 的作者放弃了他的决策权。提出变更的维护者没有从他的合作者那里得到足够的支持来完成变更，因此它被组织移除。† 从其他维护者那里得到微弱的支持也不足以执行更改。

最后，影响这些决定的人不再局限于 Lerna 项目的维护者。Webpack（JavaScript 文件捆绑包）的维护者肖恩·拉金（Sean Larkin）对后续公告也发表了评论："作为 webpack 和 babel 等其他项目的开源维护者，我们一起承担，您不必为此承担全部责任。"

这些治理的挑战解释了许多大型开源项目更倾向于寻求共识而不是达成共识的原因。因为无法知道这些投票是否代表总人口——当不清楚在哪里划定社区界限时，投票系统就无法很好地发挥作用。

互联网工程任务组（IETF）开发了互联网协议背后的标准，使用所谓的"大致共识"调和权威和民主治理之间的紧张关系，给定了一个难以界定的方式："我们的信条是既不让一个人（国王还是总统）来决定，也不通过表决来决定。"[132] 在寻求共识的模式中，目标不是"赢得"选票或达成一致意见，而是要确保有一个论坛供人们提出和讨论他们的担忧，并且没有人有足够的权利去阻止组织向前发展。寻求共识强调讨论问题而不是枚举问题："当所有提出的问题都得到解决时，就会达成粗略的共识，但这并不意味着所提出的问题涵盖所有问题。"

寻求共识的模式适用于具有较大贡献者社区（无论是联盟还是俱乐部）的项目。在这些社区中，仍然可以培养强烈的成员意识，这会转化为社会规范、规则和制裁，新来者都被给予默许规范的期望。

但是像体育馆模式这样的中心化社区没有像去中心化社区那样活跃的"成员"。鉴于很少有人积极参与，因此与寻求共识的模式相比，体育场模式更适合于"仁慈的独裁者"治理模型。

术语说明

接下来的章节将研究维护者、贡献者和用户的角色。这些术语都不容易定义。特别是"贡献者"角色，开源开发者之间对其构成有诸多讨论。

GitHub 将贡献者定义为已经提交并合并到项目代码库中的提交者。一个有 50 个贡献者的项目已经收到了来自 50 个独特开发者的提交。[133] 用户的 GitHub 贡献图（一个多彩的绿色方形拼图，可视化了他们在各个项目中的活动）是由提交、打开 PR、提出问题和请求评论共同生成的。[134]

过去一年中5067个贡献

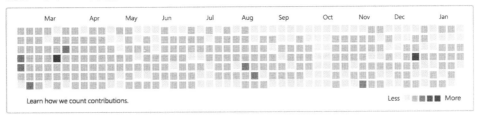

GitHub 贡献图（这里以红色显示）[135]

但是还有很多其他的贡献者没有被计算在其中，例如，那些对邮件列表中的问题进行分类或回答用户问题的人，这两者都是对开源项目的重要贡献者。开发者肯特·C. 多兹(Kent C. Dodds)提出了一个名为"所有贡献者"的标准,用于"以奖励每个贡献的方式来识别贡献者",并带有表情符号键,以在项目的README 文件中显示这些类型的贡献者。[136]一些贡献,例如组织活动或提供财务支持,往往发生在项目的代码存储库之外,因此更难以衡量和跟踪,但在社会上,它们通常都被认为是贡献。

"所有贡献者"的项目被描述为:"识别所有贡献者,而不仅仅是提交代码的人。"[137]正如该描述所暗示的,定义贡献者的争论倾向于围绕"代码"贡献还是"非代码"贡献(含义是提交是针对代码的)。但是这些术语并不是很恰当,因为贡献者也可以对仓库进行非代码提交。例如,编写文档和修复失效的链接之类的任务也以提交的形式进入项目。

相反,我怀疑我们之所以会倾向于"以提交作为贡献",一方面是因为它们比较容易衡量,另一方面是因为我们确实需要一种方法来谈论开源工作流的特定子集(issue,PR,代码审查),而不是诸如发布博客文章或活动计划。

自然而然地,做出"贡献"的人被称为"贡献者",但我认为正是这些术语的融合导致了如此多的困惑。无论对项目贡献如何,贡献者都是以一种身份形式存在的。就像加入俱乐部一样,你成为"会员",不关乎你参加会议的次数,而是你如何自我认同以及别人如何识别你。有些与会者可能每周都会来并且持续多年,但仍然不被认为是组织的一部分。

是否将某人视为贡献者,是相关开发者与现有贡献者社区之间协商的结果。对两个不同项目的相同贡献,结果可能会截然不同。一些项目对成员的界定较为宽容,而一些则更为严格。像任何其他俱乐部或团体一样,在一个社区中被视为"领导者"或"成员"的条件在另一个社区中可能会完全不同。这些术语是因情况而定的,而不是适用于所有项目的通用定义。

例如,术语"临时贡献者"用于表示对项目做出了少许贡献但没有广泛深度参与的人。在较大的项目中,甚至合并一小笔贡献也可能是一种地位象征。提出 PR 的开发者可能会自豪地称自己为"Rails 的贡献者",显然这个头衔并不是很实在。但是在较小的项目中,临时贡献者可能只是将自己视为用户。他们感到有能力对项目进行微小的更改和修复,但这并不一定意味着他们认为自己是项目的贡献者。

同样，那些组织聚会、就项目进行讨论或在 Stack Overflow 上回答问题的人，如果他们没有定期与项目的核心开发者互动，则可能不会将自己视为贡献者。当他们将自己视为"Rust 社区"的一部分时，可能首先想到的是其他使用 Rust 的开发者，而不是那些为 Rust 项目做出贡献的开发者。

成员身份是双向的社会契约。一些开发者不想承担作为贡献者的责任。他们可能只想做出一次修复，然后做自己的事情，这相当于在街上随手捡垃圾。他们可能更喜欢自由制作视频教程或按照自己的意愿组织活动，而无需与其他贡献者进行协调的额外开销。

对"贡献者"模棱两可的定义可能导致项目之间的混淆。在俱乐部或联盟中，积极的贡献者群体可能会表现出积极态度，这有助于集体做出决策。但是这种态度并不一定适用于"体育场模型"，在该模型中，贡献者的行为更像用户，只有维护者才能代表项目做出决策。（一个维护者翻了个白眼，向我展示了一个 Hacker News 主题，其中一名开发者有着强烈支持意见，自称是项目的"贡献者"。但事实上，该贡献只是在几年前的一个 PR，去掉了一些空白而已）

区分贡献者和用户面临的难题也适用于区分贡献者和维护者。维护者没有通用的定义。我们可以说这与拥有提交特权或某人进行提交的频率有关。但是每个定义都会在不同项目间迅速瓦解，因为像术语"贡献者"一样，"维护者"是一个身份标志，而不是一个功能。

成为维护者可能与项目决策者有一定关系，但这也是在每个项目中主观定义的。具有多个工作组的项目可能会将编写文档和分类问题的人员视为维护者，因为他们"拥有"特定的工作领域。其他项目则不管核心开发者或具有提交特权的开发者的影响力如何，都为他们保留了该术语。而且，与贡献者类似，有些开发者即使表现得与维护者一样高效，他们也并不希望承担维护者的责任。

为简单起见，我将遵循开放源代码中这些术语的通用定义，它们以项目的代码仓库为中心。尽管我鼓励读者考虑这些术语的不同之处（例如，"临时贡献者"可以更好地归类为"用户"，而"贡献者"可以更好地改组为"成员"），但要为这些角色提出新的名称超出了本书的范围。

- **维护者**是那些对项目仓库（一个或多个仓库）的未来负责的人，他们的决策会从侧面影响项目。维护者可以被视为代码的"受托人"或管家。

- **贡献者**是那些为项目的仓库做出贡献的人,范围很广,他们不对项目的整体成功负责。
- **用户**是那些主要消费(或"使用")项目仓库中代码的人。‡

最后,"开发者"一词在讨论谁在开源中做什么时可能会造成混淆。与软件项目进行交互的每个人都可能将自己标识为开发者,这与他们在项目中所扮演的角色不同。

你不必成为开发者即可参与开源项目,并且许多项目都明确指出了这一点,以便对所有贡献者表示欢迎。但通常来说很难找到一个一生中从未接触过代码并且对加入开源软件项目感到兴奋的贡献者。(这很难让有经验的开发者感到足够舒适地参与其中!)大多数贡献者都是从用户开始的,开源项目的用户就是开发者。即使是那些主要以文档、设计、培训材料或社区活动的形式做出贡献的人也可能是开发者。

在本书中,我将假设维护者、贡献者和用户都是开发者,也即出于某些目的编写和使用代码的人们。在一般意义上,我仅将术语"开发者"作为所有参与者共享的身份。

维护者的角色

"创造是内在的动力,维护通常需要外在的激励。"

——@巴普普顿(BALUPTON),通过 isaacs/github[139]

在 1975 年出版的《人月神话》(*The Mythical Man-Month*)一书中,弗雷德·布鲁克斯(Fred Brooks)解决了团队搭建软件的组织设计问题。他引用了计算机科学家哈兰·米尔斯(Harlan Mills)的一个想法,建议把开发者组织成一个外科手术团队,"而不是一个屠猪团队"。[140]

在外科手术团队模式中,有一个"首席程序员",他像外科医生一样,负责制定项目的规格和整体设计。外科医生有一个"副驾驶",是他们的心腹和左膀右臂。还有一些辅助角色,包括负责资金和管理的人、编写文档的人等。

但是当布鲁克斯第一次提出这个概念的时候,编写代码要比现在麻烦得多。

在现代软件团队中任命合适的"首席程序员"在理论上和实践上都是困难的。尽管我们也有初级和高级开发者，以及为团队设置优先级的工程经理，但是开发者在公司中像外科手术团队一样谈论自己的身份是很不常见的。

尽管如此，外科团队的概念对于解释开源软件项目中的不同角色功能仍然是有用的，因为维护者有一系列无可争辩的责任和权限，而其他贡献者则没有。特别是对于中心化社区的项目，以一个或一个以上维护者为中心，他们扮演外科医生的角色，其他贡献者和用户支持他们的工作。

再次借用保护生物学为例说明，维护者可以被认为是一个关键物种。关键物种的种群规模很小，但对其生态系统有着巨大的影响。例如，在一片森林中，虽然狼在绝对数量上可能没有多少，但如果狼消失了，森林的其他部分就会产生连锁反应。缺乏天敌的鹿的数量会失去控制然后疯狂增长，植物会因为鹿太多而开始消失，等等。

类似地，尽管维护者的数量很少，但他们对开源项目的影响是深远的，因为他们是其他贡献任务的"障碍"。与其他贡献者不同，维护者倾向于横向作业，在做决策时，他们必须牢记整个项目，平衡用户和贡献者的竞争需求。

因为术语"维护者"没有一个通用的定义，所以很难概括出角色的含义。更大的项目可能有维护者负责特定的子项目，或者负责横跨整个项目的专业领域。例如，基于 Python 的 Web 应用程序框架 Django 有一个安全团队、一个维护工具和基础设施的运维团队、一个构建和管理版本的发布团队，以及几个处理分类、贡献和代码审查的技术团队。[141] 所有这些开发者都可以被视为维护者，但由于 Django 是一个如此庞大的项目，他们的工作分工更加专业化。

在较小的项目中，维护者更有可能亲自来处理项目中的很多方面，包括回应新问题并持续关注，回答用户的问题、维护和测试，负责代码样式的指南和持续集成项目，以及编写文档。例如，开源 Web 服务器 Caddy 主要由其作者马特·霍尔特（Matt Holt）维护，他负责审查 PR、回复 issue，并且也是核心的开发者。[142]

有时，术语"维护者"与"核心开发者"可以互换使用，这就提出了另一个问题：维护者是编写新代码，还是仅仅倾向于维护现有代码？术语"维护"似乎意味着被动工作，而"核心开发"则意味着主动工作。维护者最低程度的工作可能包括回答用户的问题并审查 PR 是否存在问题，升级软件依赖等任务。但是积极地开发项目也会有一些任务，比如定义项目的未来发展方向，编写项目的新特性，减少"范围蠕变"（不要引入太多特性，这最终会影响项目的目的）等。

我们可以回到斯宾塞·希思·麦卡勒姆的"专有社区"概念，来理解维护者与其他贡献者的不同之处。麦卡勒姆认为业主有三个功能：选择成员、规划土地（在开源的情况下，"土地"即代码库）和领导成员。每当维护者审查来自新贡献者的提交请求时，就会进行成员选择和土地规划。他们选择贡献者时必须考虑到"他们与其他成员的兼容性和互补性"[143]，并且根据贡献者的代码对项目其余部分的影响程度来接纳贡献者。

维护者还必须权衡贡献的价值和维护成本。提议的贡献本身可能是个好主意，但在贡献者离开以后，必须由维护者来管理它。如果贡献的维护费用昂贵，或者不符合项目的总体设想，他们可能会认为成本不值得。

维护者决定了项目中的组织架构和代码，不仅因为他们有能力合并 PR，还因为有人需要注意如何合理地组合这些贡献请求，这样项目就不会看起来像某种奇怪的神经网络图。从这个意义上说，维护可以被认为是一种管理形式。

维护者必须是"对整个社区的成功感兴趣，而不是对其中特殊利益感兴趣"[144]。虽然维护者可以为项目做其他工作，但所有其他工作都是可以由其他社区成员执行的，而所有者的任务只能由维护者来做。

尽管作为一个"维护者"听起来并不那么迷人，但是在不牺牲精准性的情况下，很难想出一个更精确的术语。有些项目不再积极开发，但仍在维护中。而且过分强调项目的主动性工作，比如编写新代码，可能会低估支持项目运行所需的维护工作。使用哪一个术语可能仅仅取决于特定项目的维护者，或核心开发者想要如何表达他们与项目的关系。

"作者"一词专门指负责项目原始版本的一个或多个开发者。不是所有的作者都能成为维护者或者是积极贡献者。例如，塞巴斯蒂安·麦肯齐，也被称为 kittens，是 Babel 的作者，但他不是这个项目的维护者。[145]

相反，并不是所有的维护者都是作者，被认为是维护者的人可能会在项目的整个生命周期中发生变化，其中一些变化发生在贡献者社区达到一定规模之后。雅各布·卡普兰·莫斯（Jacob Kaplan Moss）和阿德里安·霍洛瓦蒂（Adrian

Holovaty)是 Django 的作者，他们在创建项目 9 年后退休，成为 BDFLs("终身仁慈的独裁者")。雅各布解释说："我观察 Django 社区的时间越长，我就越意识到我们的社区不需要我们。"[146]

维护者的转换甚至也会发生在较小的项目中。pythonhttp 库 Urllib3 在其十年的开发过程中宣布了多个"主要维护者"转换。[147]它的作者安德烈·彼得罗夫解释说："移交项目的控制权是成功项目的组成部分。"[148]

如果他们不是原始作者，作为维护者可能没有提交或管理的权限，这可能会导致人们预期的问题，也就是如果一个管理员意外地消失了，那么剩下的贡献者将无法把更新合并到项目中。

Ruby 社区杰出的开源开发者吉姆·韦里奇(Jim Weirich)去世后，社区意识到他没有为自己的众多项目指定接班人。当另一个开发者贾斯汀·塞尔斯(Justin Searls)想要介入维护其中一个项目 Rspec-Given 时，他无法获得管理权限。因此他不得不放弃这个项目，说服 Ruby 的包管理者 RubyGems 使用新版本。[149]

"作者"和"维护者"之间的区别也强调了创建和维护软件之间的内在张力。有些开发者喜欢创作东西，但不喜欢维护。在功能上，这两个角色所要求的工作是完全不同的。

如果一个项目幸运的话，它将同时吸引作者和维护者，他们可以共同作为维护者扮演互补的角色。开发者往往更热衷于创建而不是维护，因此找到一个喜欢后者的人可能是一个福音。一位维护者向我解释说，这个项目的作者仍然积极参与其中，他是一个"发明家"，喜欢创作，但对维护兴趣不大。相比之下，和我交谈的那个人更喜欢组织策划严格的应用过程。他们合作得很好，尽管有时他想知道当作者最终下台时会发生什么，他担心自己无法胜任发明家的工作。同样，如果他要离开这个项目，对他的另一位搭档来说，要找到一个像他这样有耐心和关注细节的人也是很困难的。

webpack 的维护者恩·拉金(Sean Larkin)发现，他在与用户打交道方面的技能与 webpack 的作者兼首席开发者托拜厄斯·科珀斯的技能相辅相成。托拜厄斯·科珀斯曾说：

> 当我刚成为一名维护者时,我害怕得不敢修改代码。我不知道它是怎么工作的。所以我问自己,我能做什么,我刚开始时基本上每天花几个小时在推特搜索"Webpack"。[150]

尤柴·本克勒认为,同侪生产模式中的所有成员都有内在的参与动机。同样内在动机解释了为什么开发者创建软件,为什么他们可能会随意参与,但它并不能完全解释为什么开发者会随着时间的推移继续维护项目。尽管对维护者的行为动机了解甚少,但正确处理这些动机是极其重要的,因为它们是所有其他贡献生效的关键。

开发者最初编写一个项目是因为它对他们来说很有趣,或者有一些他们想要学习并解决的问题。他们在写代码,做他们想做的事情。不管维护者是否是项目的作者,在项目的整个生命周期中都可能需要一些持续的创造性工作,比如编写新代码或学习新技能。这类工作往往最有内在动机。

作者也可以获得外在的、社会奖励形式的承认和声誉。但随着项目的成熟,声誉收益逐渐平淡。毕竟,作者已经因为他们与项目的关系而闻名,花更多的时间维护项目并不能改变这一点。同时,被动性工作可能开始超越主动性任务,既不提供内在的好处,也不提供外在的好处。项目的这个阶段就像阅读一个不断增长的评论部分,维护者会发现审查贡献得到的价值逐渐减少。最终,来自新贡献者的价值可能不会超过筛选贡献者的成本。这是维护者并不真正想做的工作,因为这样做没有明显的好处。

长期维护很少是为了提高开发者的技术。如果有维护者会坚持维护一个项目,他们可能会把责任感、社区感或帮助他人作为维护项目的理由。

正是围绕着这一点,维护者的工作有了一些不同的结果。他们可能会在维护项目中发现新的内在乐趣,因为他们正在学习一套不同的有价值的技能,如项目管理或领导团队。但是,如果他们不喜欢这些东西,他们必须花大量时间弄清楚如何将工作分发给贡献者和用户,或者减少他们花费在他们讨厌的任务上的时间,例如关闭 issue 或自动关闭 PR。如果这些工作都被认为是困难且无用的,那么维护者最终就会找到替代者后下台,或者干脆消失。

在一个维护者离开后，另一个开发者可能会站出来。一个不太知名的开发者可能渴望有机会维护一个受欢迎的项目。克里斯托弗·希勒（Christopher Hiller）在其作者 TJ 霍洛韦查克（TJ Holowaychuk）隐退后，成为 JavaScript 测试框架 Mocha 的维护者。正如他在一次采访中解释的那样：

> TJ 打电话说："嘿，我需要有人接管我的项目"。我当时是 Mocha 的使用者，我说："嘿，我想帮忙。我喜欢使用这个软件，我不想看到它死掉。"基本上，他只是给了我一点承诺，什么也没说，就是这样。[151]

另一方面，为一个他们没有参与、也不太熟悉的项目解决支持问题对大多数开发者来说并不一定是有趣的，而且成本可能超过声誉收益。最初的作者就像一个钻研矿藏直到矿藏枯竭的矿工，可能已经从创建项目中收获了所有相关的收益，没有给项目的下一个维护者留下任何东西。孤立的项目比叫嚣着要成为维护者的开发者多得多。

就像创始人或首席执行官一样，维护者不能像其他贡献者那样轻易离开。在去中心化的社区项目中，当个人动机下降时，成员可能会离开，但他们会被新的、热切的面孔所取代。然而，对于单独的维护者来说，当他们的动机下降时，离开的决定可能会对项目产生严重的后果。

多米尼克·塔尔（Dominic Tarr）是一名开发者，他创建了数百个流行的 npm 模块，其中许多模块被广泛下载，并被全世界数百万人所依赖。2018 年 11 月，他将提交权限授予了一个陌生人，该陌生人声称他们希望帮助维护这些模块中的一个，之后塔尔就离开了这个模块。而陌生人不停地向模块中插入恶意代码，企图从依赖库的应用程序用户那里窃取资金。

当数以百计的开发者争相找出问题所在并加以修复时，发现了骇客的开发者艾顿·斯帕林（Ayrton Sparling）发表了一条令人恐惧的评论，"代码似乎是恶意的，而且最糟糕的是我甚至都不知道这是怎么回事……"。[152]

许多开发商很愤怒，称塔尔的行为不负责任，粗心大意。但塔尔坚持他的决定。他在 GitHub 上发表了一份声明，描述了为什么维护者会将访问权交给其他人：

> 　　我不是出于利他的动机，而是为了好玩。我在学习，学习很有趣。我写了比这更好的模块，但是互联网还没有完全跟上我的脚步……
>
> 　　如果它不再有趣了，你从维持一个流行的发行包中几乎什么也得不到。
>
> 　　有一次，我在一家餐馆做洗碗工，我犯了一个错误，就是我太能干了，我被提升为厨师。这只是一个每小时 50 美分的加薪，但要承担更多的责任。真的觉得不值得。写这样一个受欢迎的模块就是如此，而加薪是零。[153]

塔尔解释说，在许多 JavaScript 开发者中，将维护工作交给陌生人被认为是一种最佳实践，而不是鲁莽或错误的。他引用了开发者费利克斯·盖森多弗（Felix Geisendörfer）的一篇热门博客文章明确支持违约策略，以便让新贡献者提交代码：

> 　　有人给一个我不再使用的项目发送了一个 PR，我可以马上看到这里面的问题。然而，由于我不再关心这个项目，而发送 PR 的人关心了这个项目，所以我简单地将他添加为合作者。"我没有时间再维护这个项目了，所以我给了你 commit 权限，让你可以做任何你想做的更改。"[154]

我们习惯性地认为发布意味着责任的终结，就像作家出版一本书，或者钢琴家完成一场演出。但是另一方面，一个开源的维护者，只要人们使用它，就应该维护他们发布的代码。在某些情况下，这可能需要几十年的时间，除非维护者正式离开项目。

这相当于一个作家被要求每天对同一本书进行编辑和修改，直到永远，而他们早已从这本书的创作中获得了最初的经济和声誉回报。更重要的是，与其他内容不同的是，在维护者的兴趣减弱很久之后，需要开源代码继续工作的人、公司和其他机构仍然依赖开源代码。外部贡献也不一定能减轻维护的负担，因为它们仍然需要有人来审查和合并它们。

活跃贡献者和临时贡献者

开源项目的贡献者可以分为活跃贡献者和临时贡献者两类，通常根据贡献的频率来决定。

然而，这两类间没有明确的界限。"频繁"贡献者的组成取决于项目。研究员孙娜（Na Sun）等人认为，我们不应该依靠客观的标准（如贡献的数量）来定义这些群体，而应该通过相对于社区里其他成员的活动来定义。

在线社区的规模、主题和文化可能会影响潜在的行为。例如，专注于技术主题的小型社区通常成员较少，但参与度比其他有着各种主题的大型社区更高。因此，技术社区中的潜伏者可认为是其他社区中的消息来源者。[155]

与其考虑贡献频率，不如看看贡献者的动机来理解两个群体的不同之处。

活跃贡献者（也被称为"定期贡献者"或"长期贡献者"）基于名气和持续的高质量贡献，被认为是项目成员。当我们一想到开源贡献者时，他们就会是我们脑海中浮现的样子：一个由开发成员组成的社区，其中的成员对彼此和项目进行投资。

并不是每个项目都有活跃的贡献者，这取决于项目的规模。一个较大的项目可能有三类贡献者：维护者、活跃贡献者和临时贡献者，而一个较小的项目可能只有几个维护者和更多的临时贡献者。

克劳特和雷斯尼克指出，当团队规模较小时，人们会更愿意去做贡献，而且他们"认为自己的贡献对团队有影响"[156]。遵循他们引用的团队协作模式，活跃贡献者不一定取决于项目中实际的用户数，而是有多少人认为他们可以做出有意义的贡献。如果项目不需要很多的工作，或者某维护者保留了很多专业内容未公开，就不会吸引到那么多活跃的贡献者。

无论是专注于代码库中的特定功能还是贡献专业知识，比如在安全知识或管理社区领域，活跃贡献者往往更专业。他们不同于维护者，因为他们不负责项目的总体方向。虽然活跃贡献者可能很关注社区，但不要期望他们会在自己的兴趣和他人的兴趣之间权衡。

因为他们比临时贡献者更熟悉项目,并且维护者也更了解他们,活跃贡献者往往有更高质量的贡献,他们的工作更有可能被维护者审查和合并。[157]苏沃迪普·马宗德(Suvodeep Majumder)等人的一项研究表明,85％被研究的开源项目都有"英雄",这意味着与提交相关的至少 80％的讨论参与者中,这些开发者的提交比其他人的提交有更少的错误。[158]

虽然贡献者有时被描述为在"用户"→"临时贡献者"→"活跃贡献者"→"维护者"的等级间移动,但有证据表明临时贡献者和活跃贡献者一开始的参与动机就不一样。活跃贡献者可能初次看起来像临时贡献者,因为他们都是"首次贡献者",但他们的动机是不同的。在第一个月,活跃贡献者更倾向于表现出亲社区的态度,会积极主动帮助他人。

比如,一个临时贡献者可能会从提一个问题或者 PR(我需要什么)开始。[159]而一个活跃贡献者可能会以评论别人的问题(我想帮助什么)开始。积极贡献者的另一个常见行为模式是在与项目互动之前潜伏在邮件列表、issue 和 PR 中。

周明辉和奥德里斯·莫库斯(Audris Mockus)通过研究在 Mozilla 和 GNOME 的长期贡献者发现:在参与者中,从评论开始的人比从提出问题或者成功解决至少一个报告的问题而开始的人,成为长期贡献者的概率增加一倍以上。[160]

活跃贡献者之所以持续下去,并不是因为他们成功做出了第一次贡献,而是因为他们是带着继续下去的意愿加入的。换而言之,他们从一开始就不是临时贡献者。(当然,如果一个项目让新参与者很难做出贡献,就会阻碍潜在的活跃贡献者出现,反之亦然)一个活跃贡献者通常是出于对社区的渴望,其次的动机是名气和学习。他们喜欢基于项目的社交,希望自己是其中的一份子。Python 的维护者布雷特·坎农将这种心态总结为"我来是因为编程语言,我留下是因为社区"。[161]

活跃贡献者的流失率比临时贡献者低,因为他们认为自己是项目的一部分。他们更有可能因为生活环境的变化而离开,而不是因为纯粹的无聊或者不感兴趣。正如山下和弘等人描述的那样,"就像公民习惯了他们的环境一样,为一个项目做出贡献的开发者可能会继续为同一个项目做出贡献"。[162]

相比之下,临时贡献者(有时称为"被驱动的贡献者")与项目有着事务关系。

2017 年 PyCon Pune 会议的一名参会者拿着一件会议 T 恤。库沙尔·达斯（Kushal Das）提供照片

一般来说，临时贡献者是那些对项目只做了一个或更少贡献的人（例如未合并的推送请求）。很容易通过他们与项目间不紧密的关系来识别他们。临时贡献者可能做出了许多贡献，但这种类型的贡献特征是除了渴望看到自己的贡献外，并不觉得自己与贡献者社区有更深的联系。从会员的角度看，他们更容易被看作是用户而不是贡献者。

请注意，项目的"贡献者社区"的定义变化很大，正如我们在前面的例子所看到的，如果一个开发者参与了一个项目，尽管他很少做贡献，但他仍可能很熟悉项目（回想一下恩·拉金对 Lerna 的评价，尽管他是另一个项目 webpack 的维护者）。我们可能基于贡献频率假设这个人是临时贡献者，但实际上，他们的行为更像一个活跃贡献者（例如，高质量的贡献，更高的 PR 合并的机会）。

一般来说，真正的临时贡献者是偶然发现需要解决问题的当前用户，最常见的是修复拼写错误或者 bug，但有时也会添加新功能或者重构代码（重写代码以降低其复杂性，就像编辑自己的代码）。[163] 较之参加讨论，他们对项目的第一次行为更可能是提出问题或者 PR。积极的贡献者在早期就表现出帮助他人的兴趣，而临时贡献者在一开始就表现出强烈的个人需求。

临时贡献者会有一种我想解决这个问题，然后我就完成了的心态。在一个在线社区，临时贡献者相当于普通评论者，是参与谈论或者提出满足自己兴趣的问题的人，而不是满足他人需要的人。

临时贡献者并不打算一直留在项目中，他们对项目的流程和规范知之甚少。他们只想知道自己的贡献能否被合并。他们主要的兴趣是基于个人的，而维护者的工作是找出如何衡量贡献者和项目需求的方法。

我们很容易给普通贡献者加上一大堆假设，他们不熟悉开源，不熟悉项目，有需求，有破坏性。最好将他们看作是以自我为导向的，而不是以公共为导向。一个临时贡献者寻求解决他们自己的问题，他们的贡献可能使他人受益，这仅仅是一种外在的积极作用。

临时贡献者就像是周末来纽约的游客。正如我们不期望，甚至不希望游客参与当地的治理决策一样，我们也不应该因为临时贡献者的偶然在场就认为他们是项目贡献者社区的一部分。在研究了新来者放弃开源社区的原因后，研究员伊格尔·斯坦马赫（Igor Steinmacher）等人总结道："通过阅读退出者发起的讨论，我们意识到这部分新来者无意加入这个项目。"[164]

然而，一个项目的"社区"边界是艺术而不是科学。项目的社区可能超出特定的代码仓库，嵌在更广泛的生态系统中，类似于一个城镇有自己的地方政府，但也属于州或者省级政府的管辖范围，以及国家政府的管辖范围。一个 npm 包的"社区"是指这个特定的包，还是指 npm，或是整个 JavaScript 社区都包含在内？虽然各个项目没有一致的答案，但我们可以根据开发者的自我识别方式来发现这些相似性。很少有开发者称自己是 Babel 社区的一部分，因为 Babel 是一个特定的包，但更多的人可能会为 Babel 做贡献，基于其在 React 社区的地位而关心它的未来。

在临时贡献者的背景下，什么"临时"是与社区相关的？丹·阿布拉莫夫（Dan Abramav）是一位著名的 React 开发者，但他并不经常为 Babel 做贡献。在 Babel 的环境下，他可能被定义为一个临时贡献者，但由于他在 React 生态系统中，对 Babel 所做贡献比一个不知名的开发者的贡献更值得信赖，因而更确切地应该被认为是活跃贡献者。如果维护者是项目的核心，那么临时贡献者就是在外围游荡的电子云。他们衬托了维护者的关键地位，数量很少但总价值很高。

在不同的项目中，临时贡献者和活跃贡献者的比例差异很大。这取决于贡献者社区的规模以及不同类型贡献者的定义方式。一项研究表明，临时贡献者占总贡献者的 3/4。[165] Pandas，一个用于数据分析的 Python 库，它列出了 1 400 个贡献者，但仅 4 个贡献者就贡献了 2018 年近一半的提交量。[166]

临时贡献者一直存在于开源世界中。克劳特和雷斯尼克引用了 2005 年的一项研究，报告说："54％注册参与 Perl 开源开发项目的开发者在发布一条消息后就再也没有返回。"[167] 他们指出，这种行为在更广泛的网络社区中并不罕见。例如，"Usenet 团队 68％的新人从未发表过一个帖子"，"60％的维基百科注册编辑在最初的 24 小时参与编辑后，再也没有进行过编辑"，以及"46％的魔兽世界行会成员离开自己的群组后，一个月内会加入新的群组，而不是放弃游戏"。

然而，如今临时贡献者对项目的影响程度有一个新的现象，是 GitHub 平台效应的直接产物。通过降低贡献的阻力，GitHub 为临时贡献者的繁荣创造了理想的条件。对于维护者较少的项目，如果缺乏活跃贡献者来缓和这种影响，那么临时贡献者可能会让人不知所措，就像太多游客涌入一个城镇一样。

因为临时贡献者对项目不太熟悉，所以他们的需求与活跃贡献者不同。临时贡献者更有可能在社交和技术两方面都遇到困难：设置环境，理解代码库以及满足贡献要求。[168] 他们的贡献往往质量较低，需要更长的时间来解决，而且通常不太可能被合并。[169] 因此，对于维护者而言，为临时贡献者提供他们编写和提交高质量贡献所需的文档和工具很重要，可以减少双方的麻烦。

不可预测的质量和高容量的结合意味着如果维护者不小心的话，临时贡献可能会变成时间的消耗。就像 YouTube 开发者必须学会管理他们与观众的关系，以保持观众继续制作视频的欲望，维护者必须管理他们与临时贡献者的关系，以保持他们对项目的热情。

对于维护者来说，把贡献者分为两个不同的类别是很有帮助的，可以根据利己和利他的动机来判定。这样维护者可以决定他们在某个贡献者上花多少时间，以及如何调整他们提供的资源和支持度。

并不是每一个维护者都有相同的策略去处理不同类型的贡献者。一些维护者喜欢花时间帮助每个贡献者做出他们的第一个贡献，而不在意他们的停留时间。另一些维护者更注意保护他们的注意力，所以他们将注意力限制在那些表现出长期兴趣的贡献者上。

主动用户和被动用户

最后，开源项目有类用户可能被认为是"沉默的大多数"。他们使用项目的代码，但他们并不自认为是贡献者。[§]

一般来说，维护者不知道他们的用户是谁。就像在线社区中的潜伏者一样，用户可以使用代码而不必公开自己。维护者仅会模糊地感觉到，随着问题或请求的增加，或当用户提出问题或联系他们时，他们的项目已被广泛使用。在2019年，GitHub 在某些编程语言的代码仓库中添加了一个"依赖关系图"，其中显示了依赖于它的软件包和项目。

维护者只有在用户不再潜伏时才能发现谁依赖于他们的项目：例如，通过打开一个问题或 PR，或者直接与维护者联系。在 cURL 开发多年后，命令行工具 cURL 的作者丹尼尔·斯坦伯格（Daniel Stenberg）直到有人告诉他，他才意识到自己创建了世界上使用最广泛的软件项目之一。"他们在软件的'关于'窗口中看到了他的名字，或者埋没在文档中。"[170]

有时，这些发现的时刻是温暖人心的。当美国太空探索技术公司（SpaceX）的一位工程师发 Twitter 提到杰夫·福西尔（Jeff Forcier）（他负责维护一个名为 Fabric 的 Python 库）时说："你知道我们用了 Fabric，对吧？"福西尔在 Twitter 上回复道："直到 SpaceX 使用了我的软件！我才知道这是真的。"[171]

大量开发者（尽管目前尚不清楚他们是否代表了大多数人）以保护隐私为由，不赞成使用跟踪和分析。也许更大的问题是，从技术角度来看，并非所有开源项目都可以跟踪用户。在那些可以跟踪使用情况的项目中，大多数维护者都不会去操心研究，可能是由于缺乏兴趣，可能是执行起来有困难，又或者是想要避免公众争议。

但有些项目依然勇敢地尝试它。macOS 包管理器 Homebrew 背后的团队使用分析来帮助维护者更好地决定项目的开发需求，他们解释说："匿名聚合用户分析使我们能够根据人们如何、在哪里以及何时使用 Homebrew 对修复和特性进行优先排序。"[172]他们在 2016 年宣布了增加追踪功能的决定，但用户的评价褒贬不一。一位黑客新闻的评论者抱怨道："你们为什么还要收集这些信息？Homebrew 不是试图优化销售渠道的营利性产品。继续做你们曾经做的那些事。你们以前就做得很好。默默监视我们对你们或对我们来说都没有任何好处。"[173] 不过，大多数用户不会选择退出 Homebrew 的跟踪。

费罗斯·阿布哈迪耶维护着一个名为"Standard JS"的样式指南和错误捕捉工具，他使用一种选择加入策略来确定他的用户是谁。他为用户创建了一个公共空间，通过在他的项目上发布一个名为"哪些公司在使用'Standard'的问题来确认自己的身份"。[174]

鉴于维护者通常看不到用户，因此我们可以将其描述为默认被动用户：他们只需要有效的东西。如果用户没有让自己知道，那意味着他们对项目的方向很满意，以至于他们不希望与开发者进行进一步的互动。

开发者在甚至不知道项目存在的情况下使用项目也是常见的情况。依赖性文件可能包含数百个软件包，当开发者运行单个命令（如"npm install"或"bundle install"）时，将全部安装。诸如 OpenSSL 和 Expat 之类的开源项目位于应用程序层之下，但仍受到广泛依赖。

虽然维护者并不总是与他们的用户有直接的关系，但有些用户确实为开源项目做出了贡献，即使他们并不认为自己是贡献者。常见的例子包括：

- **教育**：以实时编码的形式，或者制作有关项目的视频、博客文章或教程。
- **传播信息**：通过组织活动，在网上发布项目信息，或者在聚会或者会议上发表演讲。
- **支持**：以回答邮件列表中的用户问题的形式，问题追踪器或聊天。
- **错误报告**：在发现 bug 后，向项目提出一个 issue。**

这些活跃用户类似于活跃贡献者，但是他们往往独立于项目贡献者社区运行。可能他们从未与项目代码仓进行过交互。

可以将活跃用户视为"卫星"社区，这就是为什么在这里将他们分开对待的原因。尽管活跃用户是一种类型的贡献者，但他们可能不会自我确定自己是贡献者，甚至不认为自己是项目社区的一部分，而是倾向于将自己视为项目的"忠实粉丝"，或者是出于以下目的而受到激励：展示自己的专业知识。

活跃用户表现出活跃和临时贡献者的特征。就像临时贡献者一样，活跃用户不一定会感到与项目贡献者社区的亲和力。他们受到激励去制作教程、组织活动、报告 bug 或者对新版本提供反馈，但是他们这样做主要是出于自身利益考量，无论是基于声誉利益还是可以获得解决问题的满足感。

但是，像活跃的贡献者一样，活跃的用户往往会为了获得与建立和展示专业知识相关的声誉收益思考更长的时间，无论该收益是直接获得的（例如，作为 Stack Overflow 的最佳回答者，或成为公认的专家或传播者）还是间接获得的（例如，自学的专业知识可能会导致他们获得新的机会，如新工作）。

活跃的用户可以是维护者的最佳盟友，也可以是最坏的敌人。正如研究人员 K. 克劳斯顿（K. Crowston）和 J. 豪森（J. Howison）所说，最好的情况是，活跃用户测试新版本，报告 bug，并保护维护者不受"被动用户"（那些大量使用代码却不做贡献的用户）的一连串的设置、配置相关的问题所困扰，[176] 他们构成了用户对用户支持系统的骨干，可以减少维护者的工作负载。与活跃贡献者类似，活跃用户往往比临时贡献者对项目有更深入的了解，他们的名字通常会被维护者识别，即使维护者不直接与他们一起工作。然而，在最坏的情况下，活跃用户可能会变得咄咄逼人，通过要求某些工作来给项目施加压力，或者为其他用户提供过时或不准确的"非官方"答案。

项目的健康评估

对于社区型项目和俱乐部型项目，我们可以根据活跃贡献者的规模和增长情况来了解项目的情况。但是对于体育馆型项目，大多数贡献者是临时的。贡献者人数并不能说明这些项目执行情况的好坏；即使可以，太多临时贡献者可能让项目的维护者不堪重负。

一个项目做得"好"的意思是什么？有三个相互关联但不相同的成功指标：

- **流行度**：指的是有多少人使用此项目。比如，对于一个测试工具或者文本编辑器，即使其他软件并不直接依赖它，它们也可能会很流行。
- **依赖度**：指的是有多少软件依赖于此项目，表示项目正在被其他软件直接或间接地活跃使用。如果项目消失，将会损害其他的软件。
- **活跃度**：指的是此项目正在活跃开发；它传递该项目在将来会继续维护

的期望。如果一个开发者正在评估是否使用这个项目，他怎样知道项目的可靠性？[177]

项目可能十分流行，意味着它被广泛使用。它可能广泛被依赖，意味着许多其他软件依靠于它。但是流行且被广泛依赖的项目可能没有在活跃开发中。

一个创建上百个流行库的维护者向我讲述了当他对维护库感到疲倦时所做的事情。他使用一个故意忘记密码的"ghost"管理员账号，将不想要的项目迁移到这个账号，然后以管理员身份删除主账户。他十分高兴地解释说，没有人再因维护而打扰他了，因为即使他想尝试，也不能访问项目了。如果有人想要修改代码，不是汇报 bug，他们将不得不 fork 并且自己去维护。虽然这种做法对他很有效果，但它说明了一个受欢迎且广泛被依赖的项目可能实际上没有人掌舵。

GitHub 使用"archive"特性（存档，将项目设为对所有用户只读，并且指出不再主动维护它）和"issue"关闭能力（关闭问题，但是仍然接受 PR），提供了一个和上文描述相比不那么极端的方法。当开发者存档他们的项目时，任何人仍然可以下载和 fork 项目，但是提问和 PR 功能关闭。如果项目拥有者不取消存档，那么自己也不能修改项目。存档特性帮助开发者传递项目不在活跃维护的信息，用户应该自己下载和使用代码（非正式地，维护者也会在 README 或者项目描述里写上"不再维护"的信息）。

评估项目的健康也需要评估开发者的健康。在本书开始部分描述的"卡车系数"或者"公交系数"可能是最简单并且最出名的启发式方法。

一个项目的公交系数是指，要想项目失效，最少需要让多少个开发者被公交车撞到。比如，一个项目的公交系数为 1，意味着只有一个维护者，如果他被公交撞到，会把这个项目的所有知识带进坟墓。公交系数越高说明项目的韧性越强，因为知识分布在更多的人身上。

贡献者的数量和增长率通常用于评估项目的健康性。GitHub 在仓库的主页显著地展示了贡献者总数，这个数字也是项目健康、蓬勃发展的标志。

贡献者数量对于社区的度量尤其有用。如果我们把开源项目比喻为会议小组，那么有更多成员的小组表明在繁荣发展，而成员人数减少表明事情进展得并不顺利。

在极端情况下，不管项目的类型如何，查看贡献者数量都有一定的价值。如果项目的贡献者为 0,所有的工作都会终止。就像任何生态系统一样,物种的形成(新物种生成,即新的贡献者)必须超过物种的消失(现有物种的死亡,即贡献者的流失)。[178]

对于体育场模式,贡献者的计数是一种误导,因为不清楚谁做的工作最多。仅仅查看总数,把每个贡献者看成是可替代、可互换的,意味着任何一个贡献者都能够介入并执行另一个人的工作。

贡献者是可替代的这一观点根植于公共社区理论。如果一个成员的兴趣减退并消失,其他人将取代他的位置。只要有足够多的新成员进入,这个循环就可以无限期地进行下去。

但是,如弗雷德·布鲁克斯在《人月神话》中所讲,"当一项任务在没有交流的情况下可以在许多工人之间分配时,人力和人月才是可互换的商品",换句话说,在实践中,贡献者并不是全部一样的。[179]有些人工作时间长或者有某些专业技能,而有些人工作效率更高。这些差异是技能水平、对项目的熟悉度和动机差异。愿意审查问题的新贡献者和想要编写新功能的贡献者,吸引这两类人有何差异是一个项目的维护者需要考虑的。

"贡献者计数"无法足够细微地区分一个人是如何贡献的,这一点,在体育馆型项目中尤其明显,在体育馆型项目中,少数贡献者承担了大部分工作。从一个开源项目中删除一个维护者比删除一个临时贡献者的伤害要大很多。

两个项目可能都有一百个贡献者,但是如果一个项目有 100 个活跃贡献者,而另一个项目有 2 个维护者和 98 个临时贡献者,那么两个项目的健康状况截然不同。Ruby 的开发者理查德·施尼曼(Richard Schneeman)在一篇博客中通过将一个名为 Sprockets(失去了主要维护者)的 Ruby 库和 Rails 进行比较,来强调贡献者计数的局限性:

> 从 2011 年到 2016 年,Sprockets 的下载量达到了 5 100 万次,所以我想以此作为观测角度来分析。Rails 已经有 6 500 万次下载,所以 Sprockets 与之非常接近。而且,在整个库中,一个开发者负责了 2027 次提交,这恰好是 Sprockets 的 68%。相比之下,Ruby 中的英雄人物拉斐尔·弗兰卡(Rafael Franca)在 Rails 上提交了超过 5 000 次,但这个只占 Rails 的 0.9%。[180]

我们需要看到贡献者总数之外的信息，取而代之的是考虑贡献者的质量。并且不是评估贡献者写的代码质量，因为这很难客观地评价，我们可以使用贡献者的声誉作为评价的代理信息。比如，如果一个贡献者经常在其他 issue、PR 和代码评审中被提到，这表明其他开发者认为这个贡献者对于项目很重要。如果 PR 比其他人审查更快，表明其更受信任。

但是在少数维护者完成大部分工作的项目中，衡量贡献者的质量就不那么重要了，而且每个人都清楚相互之间是谁。我们仍然需要一个跨不同项目类型可以转换的健康度量。一种选择是度量已完成的工作，即项目的整体活动水平，而不是衡量其贡献者。

当一个开发者决定是否使用一个开源项目时，第一件事情就是浏览项目最后一次提交的时间。一个很多年没有提交的项目比几天前刚提交过的项目可能维护得更少。

"工作完成"比计算贡献者总数更加有泛化性，使我们能够跨项目和贡献者类型进行比较，因为项目的总体活动水平与工作完成的方式无关。

我们可以先查看项目的总体活动情况所需的工作量，例如提交（包括最新提交的时间和新提交的频率），构建提问和 PR 的频率。如第 2 章节所讨论的，一个项目可能没有被活跃地开发，但是如果所需的工作量不大，它仍然可以被认为是健康的。在 Github 之外的平台的活跃度（比如在 Stack Overflow、chats）可以更全面了解所涉及的工作量。

接下来，我们可以看看这项工作完成的速度。理想情况下，新的交互（创建 issue 和 PR）是否可以快速处理，取决于维护者的响应能力。一些与响应性相关的指标包括：

- **创建 issue 和 PR 的数量**：数量多的 issue 和 PR 表明项目没有很好地维护，尽管项目有不同的处理方法，比如更喜欢保持 issue 开放还是关闭。
- **首次响应的平均时间**：维护者对一个新的 issue 或者 PR 首次响应的平均时间。（有时候，维护者使用机器人来首次响应）
- **平均关闭 issue 或者 PR 的时间。**[181]

反馈到"工作完成"（意味着对仓库代码产生了修改）的活动应该比 issue 和问题有更高的权重。后者可能帮助我们测量项目的流行性，但是一个只说不做

（很多讨论，但是不做）的项目不一定是健康的。相比之下，提问为 0，PR 为 0，但是提问和 PR 的开放和关闭频率稳定的项目可能更加好。

没有指标是完美的。数据能给我们一些洞察，但是我们仍然需要去写故事。在开发项目健康指标时，要记住几个重要的注意事项：

- **缺乏粒度**：一个项目可能有一个巨大的 PR，花了数个月才完成合并，对比之下，也有一些少量拼写错误的 PR，至今这些都被看成一个 PR。Commits 比 PR 粒度更细，但是它们的大小也不一致。

- **不同项目间工作速度不同**：根据所需的工作不同，一些项目可能具有稳定但是低活跃性特点，而另一些项目具有不稳定且爆发性强的活跃度。因此很可能有多样的、稳定的"项目健康"描述被识别。

- **稳定的项目**：如果一个项目是稳定且被广泛使用的，但是不需要太多的工作量，它不应该因为低活跃性受到惩罚。出于这个原因，追踪 PR 的提问仍然十分重要，即使它们的权重不高。比如，一个在提交上不是很活跃的项目，但是有很多开放的、未回答的提问，则该项目可能不处于活跃的开发状态中。[182]

观察一个项目的输出，而不是它的贡献者的数量，会引发一个新的问题：到底是什么导致了这些提问和 PR？除了项目的初始作者之外，维护者还需要做什么工作？

软件通常被描述为"零边际成本"，这意味着它可以被免费分发，不管有多少人消费它。如果编写开源代码真的如本克勒认为的那样，是有内在动机的，并且如果软件确实能够以零边际成本扩展到大众消费，那我们现在的情形可能不会这么杂乱。

但是问题并没有那么简单。代码确实是可以接近于免费分发，但是维护成本仍然很高。虽然从代码本身看不到，但随着时间的推移，软件确实会产生一些隐形成本。

开源人员的工作超出了初始的创建成本。许多开发者会情不自禁地做一些事情并分享。每一次的付出与成功就好像一个微小的、看不见的时钟在嘀嗒作响，他们被受命去管理和维护他们的代码到永远。

* 公共池塘资源就像公共物品（例如：空气），很难排除任何人使用它们。但是，与公共物品不同，它们是一种消耗性资源。如果我在森林里砍伐木材，那就意味着你可以得到的木材更少了，而我呼吸的空气并不会显著影响你呼吸更多空气的能力。

† 几位开发者还指出，此更改在任何情况下均无效，因为根据 MIT 的许可条款，此更改不可执行，并且需要重新授权以前的贡献。

‡ 在这种情况下，术语"用户"是指那些直接使用项目来编写代码的开发者，而不是使用该代码编写的软件的最终用户，或者那些间接依赖于项目的人。想想 React 开发者，而不是那些使用 React 编写应用程序的人，在他们的书《以公共社区的角度理解知识》(*Understanding Knowledge as a Commons*)中，埃莉诺·奥斯特罗姆和夏洛特·赫斯(Charlotte Hess)定义用户为"在任何时间点占用数字信息的人"。[138]

§ 请注意使用与下载的区别：有些开发者可能会下载，或者使用 Github 的术语"Clone"，项目代码本地化，但实际上从未使用它。

q 此列表大致按需要最大贡献者社区大小的用户贡献降序排列。举个例子，你不太可能看到人们为小型库和编程语言组织会议，但是几乎每个流行的项目，不管大小，都有报告 bug 的用户。

** 对 Mozilla Firefox 网络浏览器项目的一项研究发现，11 年来，在 15 万名提问报告者中，有"一个相对较小的群体，约 8 000 名经验丰富、经常报告者"（约占报告者总数的 5％），他们具有更高质量的见解和贡献。[175]

第二部分
人们怎样维护

Part II

04
软件所需的工作

"作为人工制品的代码，作为有机体的代码"

"我的一个假设是，与生物学中的物种不同，技术物种不会灭绝。当我真正审视那些被认为已经灭绝的科技物种时，我发现它们仍然以某种方式存活着。对过时技术的仔细研究表明，地球上的某个地方仍有人在生产这种技术。"

——凯文·凯利（Kevin Kelly）《不朽技术》（*Immortal Technologies*）[183]

对于未受过训练的人来说，开发软件似乎都是全新的、闪闪发光的，摆脱了与原子而不是想象的比特打交道的世俗烦恼。实际上，软件在阴影中悄然老化，但顽固地拒绝死亡。

这里有两个关于软件的观察，有助于阐明问题。首先，软件一旦开始开发，就不会真正的完成。它可能是功能完整的，但是为了持续运行，软件几乎总是需要某种形式的后续维护。至少，这可能意味着保持依赖类库的更新，但也可能意味着升级基础设施以满足需求、修复错误或更新文档。

所谓的"绿地"项目——那些让开发者从头开始编写软件的项目——之所以受到青睐是有原因的。软件开发者所做的大部分工作不是编写新的代码，而是对别人编写的代码进行修改。印第安纳大学信息学和计算学教授内森·恩斯曼格（Nathan Ensmenger）认为，"大多数计算机程序员开始他们的职业生涯时，都是在做软件维护工作，而且许多人从来没有做过其他事情"。[184]

谷歌软件工程师费格斯·亨德森（Fergus Henderson）表示，"谷歌的大多数软件每隔几年就会被重写"。[185] 软件随着其所处环境——预期相关的其他技术——的变化而变化。亨德森还指出，定期重写软件本质上是有益的。它有助于消除随着时间积累的不必要的复杂性，并将知识和主人翁意识传递给新的团队成员。

维护的成本，加上缺乏维护的内在动机，是大型开源项目在成长过程中趋向于模块化的原因。例如，Rails 的核心开发者曾一度将社区编写的许多扩展合并到主项目中，但到 Rails 3 时，他们转向了模块化开发方式。在单一项目下维护其他开发者代码的成本已经变得过高了，维护者如果不将其拆分，就要承担起牺性开发速度和可定制性的风险。[186]Rails 与以模块化方法著称的竞品框架 Merb 合并,帮助项目扩展并满足了贡献者的要求。[187]

第二个观察发现是,一旦软件找到了一组用户,它就很难真正消失。有人可能会在很长一段时间内使用这些代码。

一些有史以来最古老的代码今天仍然在生产中运行。如 1957 年首次在 IBM 被研发的 Fortran 语言,现在仍然广泛用于航空航天、天气预报和其他计算产业。再例如于 1959 年首次发布的编程语言 COBOL,和于 20 世纪 80 年代初研发、用于计算机系统之间的时间同步的网络时间协议(Network Time Protocol,NTP)等,也沿用至今。

在一篇关于淘汰编程语言的困难的文章中,金融和技术作家伯恩·霍伯特(Byrne Hobart)宣称,"我们要么付钱让人们学习 COBOL,要么在他们尝试淘汰 COBOL 时把他们关进监狱"。[188]。他继续说道:

> COBOL 是一种臭名昭著的坏语言。它把程序员锁定在一堆恼人的惯例中……
>
> 它的优点是被一些最早采用计算机的公司所使用。换句话说,它是由银行所使用的……银行对技术风险特别敏感。如果软件还可以正常使用,他们就会有强烈的动机不替换它。

那些通常超出开发者控制范围的、支持过时技术的疯狂行径可能会促使开发者做出绝望的决定。任何从事过应用开发的人都知道使软件兼容不同的浏览器版本和移动平台的困难。在一篇题为《杀死 IE6 的阴谋》(*A Conspiracy to Kill IE6*)的文章中,开发者克里斯·撒迦利亚(Chris Zacharias)描述了他在 YouTube 工作期间不得不支持臭名昭著的 IE6(Internet Explorer 6)的痛苦:

> IE6 一直是我们网络开发团队的祸根。每个重要的冲刺周期至少有一到两周的时间要用来修复在 IE6 中出现的新用户界面。尽管有这种痛苦,我们还是被告知必须继续支持 IE6,因为我们的用户可能无法升级浏览器,或者工作的公司受到技术锁定导致他们只能使用 IE6。[189]

最终，克里斯的团队秘密地完全放弃了对 IE6 的支持，而没有告诉公司的其他任何人。

随着 JavaScript 在今天的网络开发中变得越来越流行，维护成本需要慎重考虑。从向后兼容的角度来看，JavaScript 特别难以支持，因为它可以同时在客户端和服务器端执行。

在服务器端应用中，开发者决定他们想让用户体验哪个版本的软件，而不管浏览器想要什么；在客户端应用程序中，版本则是由用户的浏览器决定。这意味着，如果浏览器决定只支持较新版本的 JavaScript，网站就会出错，即使开发者并没有改动代码。

从管理的角度来看，JavaScript 的管理与其他编程语言有些不同，因为它是 ECMAScript 的官方实现。大多数编程语言都是开源项目，而 ECMAScript 只是一种规范，由一个叫做 Ecma International 的标准组织创建和管理。对 JavaScript 的任何修改都是由 Ecma 的技术委员会 39（Ecma's Technical Committee 39，也被称为 TC39）讨论和批准的，该委员会由商业公司和组织组成。（这个过程与 emoji 表情没有什么不同，后者是 Unicode 标准的一部分，由非盈利的 Unicode 联盟管理和维护）

在决定支持哪些版本的 JavaScript 方面，TC39 面临着一项困难的任务。如果他们放弃对 JavaScript 中一个较早的关键字的支持，他们就有可能破坏那些二十年来没有被碰过的、很久以前就被其所有者抛弃的网站。这些网站就像僵尸一样：用户仍然可以访问它们，但它们的维护者却无处可寻。

2018 年，所谓的"Smoosh 门"争议是围绕着一个特定的 JavaScript 方法产生的（方法就像代码中的函数）。该方法被称为 Array. prototype. flatten，它在 8 年前由一个名为 MooTools 的流行库实现，其方式与现代规范相冲突。TC39 必须决定是为了不破坏旧网站而继续支持一个过时的方法，还是为了发展 JavaScript 这个语言而破坏它们。[190]一场激烈的辩论随之而来，结果是由开发者迈克尔·费卡拉（Michael Ficarra）提出了一个有趣的建议，将"flatten"改名为"smoosh"（当然，还配有一个可爱的兔子 GIF）。[191]

软件不会消亡，因为即便是开发者自己都未曾注意到总有人在使用它。作家尼尔·斯蒂芬森（Neal Stephenson）曾将 Unix 描述为"与其说它是一个产品，

rename flatten to smoosh #56

迈克尔·费卡拉提出的"smoosh"建议

不如说它是一部精心编撰的黑客亚文化的口述历史。它是我们的吉尔伽美什史诗……Unix 被如此多的黑客所熟知、喜爱和理解，以至于每当有人需要它的时候，它都可以从头开始重新创建"。[192] 代码不是一种可以买卖的产品，而是一种活的知识形式。

　　但并不是所有的旧代码都会被还在运行的软件所依赖，即使它还一直存在着。例如，用于管理阿波罗 11 号指令舱和登月舱的代码，最早写于 1969 年，并于 2016 年发布在 GitHub 上，这意味着它今天仍然可以被公开访问。[193] 我们可以查看、fork 和修改阿波罗 11 号的代码，但人们普遍认为这些代码是一种静态存档。GitHub 上的阿波罗 11 号代码是从存放在麻省理工学院博物馆的磁盘上数字化的，但我们并不指望今天会有人来运行它。

　　阿波罗 11 号的代码与 C 语言的年龄大致相同，C 语言是 1972 年首次发布的编程语言，比阿波罗 11 号的代码晚了三年。今天，C 语言仍然为我们的许多基础软件和硬件提供动力，包括 Windows、Linux、macOS、iPhone 和 Android 内核。C 语言和阿波罗 11 号的代码都是在同一时间编写的，但是，尽管我们理解阿波罗 11 号的代码是一个历史性的工作,但实际上我们更需要 C 语言继续工作,因为我们日常生活中的很多东西都依赖于它。

这两段代码的区别突出了代码的一个重要特征,即它可以存在于静态状态或活动状态。

阿波罗 11 号的代码处于静态状态下。它是一种商品,就像木材一样。当我们把代码当作一种商品时,我们是在纯粹的消费基础上考虑它。它可以被买卖,也可以被交易。我们可以出于历史目的查看这些代码,但它不会被用于生产。

代码总是以静态状态被发布到 GitHub。一个开发者可以让它 50 年不动,而它仍然看起来完好无损。其他人可以复制和下载这些代码,而不会让作者付出任何代价。他们也可能 fork 这个项目,用它做别的事情,但在这样做的时候,他们生产了一个完全不同的商品。

在这种状态下,代码很容易被复制、分享和传播。但是,在大多数情况下,消费代码的目的不是为了简单地阅读和研究它,而是为了使用它。开放源代码的价值不是来自于它的静态品质,而是来自于它的动态品质。[194]

如果一个开发者正在寻找一个编程问题的解决方法,他们可能会在 Stack Overflow 上看到一个答案,那里有人写出了他们需要的代码。这些代码处于静态状态:是任何人都可以使用的商品。

但是,当一个开发者把这些代码复制到他们自己的软件中时,代码就突然活了过来。它可能会无法运行,也可能会使其他代码无法正常运行,而现在人们必须围绕它重写一切相关的代码。当软件从静态过渡到活动状态时,它开始产生一系列的隐性成本。

在生产中运行的代码,如 C 语言,是处于活动状态的。它是一个活的有机体,就像森林中的一棵树。它依赖于其他事物,而其他事物也依赖于它来生存。

当理查德・斯托曼第一次把自由软件表述为"是言论自由的意思,而不是啤酒免费意思"(free as in speech, not free as in beer)时,他想做出的区分是,"自由"(free)一词指的是人们可以用软件做什么,而不是它的价格。[195]

在多年后的一次会议上,与斯托曼共同创建 Bootstrap 的开发者雅各布・桑顿提出,开放源码更可能是"像小狗一样自由":

开源有点像收养一只可爱的小狗。你和你的朋友一起写了这个项目，它真的很棒，然后你就想，"好吧，我把它开源了，这一定很有趣！不管怎样，我们会上 Hacker News 的头版"……而事实就是如此！这是一件超级有趣的、伟大的事情。

但是，将会发生的事情是，很快你的小狗就会长大，甚至有点儿变老了……你的小狗开始变得成熟起来……而你会发现，"哦，我的上帝，我需要这么多时间来照顾这个东西"！

……如果有人在我开源 Bootstrap 的一个月前告诉我，我将有 40 000 个 star，我将会退出该死的 Twitter，我还会每晚花几个小时看问题，我就会说："哈哈，是的，没办法，这个折磨人的小东西！"

……我创造了越来越多的项目，这些项目现在已经变成了小狗。几乎我发布的每一个项目都会得到差不多 2 000 到 3 000 个关注者，这足以让我有这种内疚感，这本质上就像"我需要维护这个项目，我需要照顾这只小狗"。[196]

不管是言论的自由还是免费的啤酒，斯托曼都是在用静态状态来描述代码。另一方面，桑顿指出了代码在活动状态下的不同表现：买一只小狗并不像买一件家具，因为把一个活生生的生物带进自己家意味着一系列新责任的开始。只要小狗还活着，长期照顾和喂养它的工作就不会结束。

自由和早期的开源开发者喜欢谈论 fork 的自由，这并不奇怪。当我们忽略了有关项目所需的依赖性和维护时，fork 是一种有用的退出策略。在现实中，一个被广泛使用的项目将会使自己无法被 fork，因为它已经不仅仅是代码了。

有一个流行的 Javascript 库叫做 core-js，一位不高兴的用户在该项目上评论说："注意，在任何时候，任何开源包都可以被 fork，广告可以通过这种方式被删除。我不是在威胁你，只是说说而已。"[197] 另一位用户则以幽默的方式回应："fork 是一回事，维护是另一回事：）。"[198] 该项目的维护者丹尼斯·普什卡列夫（Denis Pushkarev）插话说："请随意 fork 并维护它——我很高兴 core-js 的维护现在不是我的问题了。"[199] 维护成本造成了"fork 是一种可靠的威胁"和"fork

是一种理想的结果"这两种观点之间的区别。

代码在被交易、评估或交换的时候，是以静态形式存在的，具有我们所期望的商品的所有属性。但是，一旦它找到了用户，代码就会焕发出生命力，切换到一个活跃的状态并产生隐性成本。引用开创控制论领域的数学家诺伯特·维纳（Norbert Wiener）的话："信息和熵是不守恒的，因此他们不适合作为商品。"[200]

软件的隐性成本

我们可以认为软件具有三种主要的成本类型：创造、分发和维护。[201]

创造往往是由内在的动力驱动的，创造成本是固定的"第一份"成本。分发主要是创作者使用的平台提供的能力，由于供应方的规模经济，分发成本很低或免费。但维护成本仍然是一个谜，维护成本通常落在创作者身上，但正如我们所看到的，并没有内在的动力。

软件会产生持续的维护成本，包括边际成本（与用户数量相关的成本）和时间成本（熵，或与时间衰减相关的成本）。

信息产品被认为具有可忽略的或零边际成本，这意味着，虽然第一个单位的生产成本很高，但每个额外的单位对生产者来说成本很低（信息商品是指其价值来自其包含的信息的商品，如文章、书籍、音乐或代码）。如果我把代码发布到GitHub上，从成本的角度来看，不管是十个人还是一万个人使用它，对我来说应该没有什么区别。

大卫·海涅迈尔·汉森（David Heinemeier Hansson）在论证为什么我们不应该从市场角度考虑软件时，用零边际成本来证明他的观点：

软件的神奇之处在于，几乎没有边际成本！这就是Gates用来建立微软帝国的经济现实，也是为什么斯托曼能够"赠送"他的自由软件（尽管有附加条件）。对于搭便车者而言这些软件确实是免费的！没有实际的稀缺性需要担心。[202]

虽然与汽车或房屋等物质产品相比,软件的边际成本确实较低,但它的实际成本取决于我们是在活动状态还是静态状态下看待它。在静态状态下,代码可以以几乎为零的边际成本进行买卖。然而,当涉及维护时,软件的边际成本和时间成本就开始增加了。

边际成本

我们认为软件的边际成本为零,这是因为以下特性,它们均意味着额外的拷贝生产成本很低。

- **非竞争性**(NON-RIVALRY):如果我从 GitHub 上下载代码,我的决定并不会削弱你下载同一份代码的能力(相比之下,如果我咬了一个苹果并把它递给你,那么现在你可以吃的苹果就少了)。
- **非排他性**(NON-EXCLUDABILITY):如果有人拥有我的代码的副本,我很难阻止他们与其他人分享它(相比之下,如果我建造了一个主题公园,我可以通过设置旋转门和收取门票来阻止人们进入)。

技术政策作家大卫·博利尔(David Bollier)为他所谓的"信息公地"(information commons),或在线信息商品,包括开放源代码软件,描绘了一幅美好的图景,在普遍认为这些是非竞争商品的情况下。根据博利尔的说法,软件不仅是不可消耗的,而且它会从吸引更多的人中获益。

> 如果说大多数自然公地是有限的和可消耗的(森林可以被砍伐,地下水可以被抽干),那么信息公地……主要是社交和信息。它们往往涉及许多人可以使用和分享的非竞争性物品,而不会耗尽资源。
>
> 事实上,许多信息公地体现了一些评论家所称的"公地的丰饶"(the cornucopia of the commons),在这种情况下,随着更多的人使用资源并加入社区,更多的价值被创造出来,故操作原则应该是"越多越好"。电话网络、科学文献或开放源码软件程序的价值实际上随着更多的人参与而增加。[203]

	排他的	非排他的
竞争的	私有物品(例如：汽车,域名)	公地(例如：森林,在线隐私)
非竞争的	俱乐部物品(例如：电缆,Netflix 或 Spotify 的订阅)	公共物品(例如：空气,开源代码)

经济物品的竞争性和排他性属性

这两个属性加在一起,意味着我们倾向于将开放源代码作为一种公共物品。然而,从最严格的意义上讲,软件并不是完全非竞争性的。

就像在高峰期有更多的汽车并入高速公路一样,第一个和第二个软件用户之间产生的边际成本可能是可以忽略不计的,甚至是无法察觉的。但最终,第 N 个用户会影响到第 $N+1$ 个用户访问该相同软件的能力。如果将 10 个人使用同一个软件与 10000 个人使用同一个软件相对比,它的开发者就会感受到这种差异。

物理基础设施

软件需要物理基础设施来可靠地服务于大量受众,而不出现任何停机、安全攻击或服务中断的情况。今天,这些成本大多已被移交给集中供应商,但这并不意味着它们不那么真实。这些公司努力工作,使基础设施成本对我们其他人来说是看不见的。

当下,数字内容已经很少由用户托管了。例如,在 Medium 或 GitHub 上发布,意味着创作者甚至不必考虑托管成本。将照片或视频上传到 Instagram 或 YouTube 的成本由平台支付。

云服务使基础设施的不间断升级变得更加容易,如果他们收取费用的话。正如任何人都可以在 iCloud 上存储他们的照片或在 Google Drive 上存储他们的文件,并根据需求支付相应的存储费用,升级软件基础设施可以像在 Fastly、Cloudflare 或 Netlify 上点击几下一样简单。最大的供应商,如亚马逊 AWS 和微软 Azure,已经使托管费用非常便宜甚至免费。

然而,这并不意味着它不会变得昂贵。维护 PyPI 软件包管理器的唐纳德·斯塔夫特估计,其基础设施每年的托管费用为 200 到 300 万美元,由 Fastly 捐赠。[204]随着越来越多的开发者采用 PyPI,该项目成本大幅增长。根据 Stufft 的数据,2013 年 4 月,PyPI 使用了 11.84GB 的网络带宽,[205]到 2019 年 4 月,这一数字增加到了 4.5PB。[206]在更小的维度上,开源开发者德鲁·德沃(Drew DeVault)估计,他每个月为他的项目花费 380 美元的服务器托管费,他使用用户的捐款支付这笔费用。[207]

亚马逊的首席技术官和 AWS 的架构师沃纳·威格尔(Werner Vogels)描述了物理基础设施的边际成本如何在规模上变得巨大:

> 在这些服务的掩盖下,是在全球范围内运行的大规模的分布式系统。这种规模带来了额外的挑战,当一个系统处理数以万亿计的请求时,必须预先考虑到那些通常发生概率较低的事件,因为现在它们必然会发生。[208]

分布式拒绝服务攻击(distributed denial-of-service attacks),或称 DDoS 攻击,是使物理基础设施的成本仍然可见的一个原因。在一次 DDoS 攻击中,恶意行为者故意用大量请求访问一个服务器,以使其不堪重负而关闭。一些 DNS 供应商(管理域名)、CDN(托管内容,如文件和媒体)和其他关键服务都经历过大规模的 DDoS 攻击。历史上最大的两次 DDoS 攻击是针对 GitHub 本身:第一次是在 2015 年,第二次是在 2018 年。[209]

物理基础设施的高固定成本也解释了为什么我们将供应方的规模经济视为一种适应性战略。如果软件消费真的是零边际成本,那么其他人维护他们自己的 GitHub 版本就会像 GitHub 自己一样容易。但由一个平台来管理代码、安全、基础设施、支持服务以及其他与维护软件产品相关的事情,效率要高得多。开发者使用 GitHub 而不是 GitLab,不仅仅是为了网络效应,也是为了前者的安全性和可靠性。同样的道理,为什么有人会使用谷歌的产品,如 Gmail 或 Google Docs,而不是创业公司的产品?因为做好这些产品需要花费金钱和人力。

最后,还有与用于维护软件的开发者工具相关的边际成本。例如,开发者可能会使用 Sentry 这样的错误监控软件,Puppet 或 Chef 这样的配置管理工具,或 PagerDuty 这样的事件响应工具,所有这些都是根据使用量来定价的。

用户支持

用户支持是与软件相关的一个重要的边际成本,它不仅困扰着开放源码的开发者,也困扰着那些大型技术公司,这些公司仍在摸索如何管理空前的采用水平。

当用户采用率低的时候,支持的成本感觉微不足道,也许根本不存在。绝大多数用户会悄悄地下载代码,而不会让人知道他们。

然而,随着采用率的增加,曾经微不足道的支持成本会变得很重要。也许只有 0.1% 的用户需要支持。如果一个公司有 1 000 个用户,那么只有一个用户需要支持。但一百万用户的 0.1% 就是 1 000 个用户。突然间,对开发者来说,是一千人还是一百万人消费他们的软件变得很重要。

Facebook 没有客户支持热线,因为他们有超过 20 亿的月度活跃用户。[210] 与那些进行实体商品交易的公司相比,这造成了一个异常具有挑战性的支持问题。谷歌的一位产品经理德威特・克林顿(Dewitt Clinton)这样解释这个问题:

> 如果你有十亿用户,而其中只有 0.1% 的用户在某一天有需要支持的问题(平均每三年每人一个支持问题),而每个问题平均需要 10 分钟的时间由人亲自解决,那么你每天要花 19 个人年来处理支持问题。
>
> 如果每个支持人员每天工作 8 小时,那么你就需要 20 833 名支持人员的长期投入,以维持现状。伙计们,这就是互联网的规模。[211]

在开源项目中,用户支持经常以关于项目的"如何"或"为什么"的问题形式出现。它们与错误报告不同,因为它们被认为是非关键性的,其价值主要归于用户,而不是项目的开发者。

PouchDB 的维护者诺兰・劳森描述了他处理用户支持的经验:

> 你的门外站着几百人的队伍。他们耐心地等待着你回答他们的问题、投诉、拉取请求和功能请求……

当你设法找到一些空闲时间时，你为第一个人打开了门。他们很有诚意；他们试图使用你的项目，但在 API 上遇到了一些困惑。他们把自己的代码粘贴到 GitHub 的评论中，但是他们忘记了或者不知道如何格式化，所以他们的代码是一大堆无法阅读的混乱字符……

一段时间后，你已经经历了十到二十个这样的人。仍然有一百多个人在排队等候。但现在你已经感到筋疲力尽了；每个人要么有抱怨，要么有问题，要么有增强功能的要求。[212]

埃里克·S.雷蒙德曾经创造了一个谚语："只要有足够的眼球，所有的软件缺陷都是浅显的(Given enough eyeballs, all bugs are shallow)。"他的观点是，开源软件比闭源软件有优势，因为如果更多的人可以检查代码，就会增加发现更多错误的机会。其含义是，支持可以以完全分散的方式处理，将其成本在用户之间分摊。*

但正如弗雷德·布鲁克斯在他的经典工程书《人月神话》(*The Mythical Man-Month*)中诙谐地指出的那样，虽然"更多的用户发现了更多的错误"，但这导致了一种支持成本的增长，并且"受到用户数量的强烈影响"。[213] 随着更多的人使用开源软件，更多的问题将被提出，更多的错误将被发现，但仍然需要有人来审查、管理和处理这些报告。

GitHub 的产品经理德文·祖格尔将这些称为软件的"服务成本"，指出"社区参与的低成本和其他人的参与给社区领导人带来的高成本之间的不对称"。她把这个问题比作汽车造成的交通拥堵，每个人都想开自己的车，但这样做会增加别人的拥堵，最终也会增加自己的拥堵。[214]

社区管理

软件并不存在于真空中。当它获得更多的用户时，其中一些人将不可避免地以不良的方式使用它。

从法律的角度来看，软件供应商在历史上被免除了处理这一成本。美国《通讯规范法》(Communication Decency Act，CDA)第 230 条保护大多数平台免于承担与其用户上传内容有关的责任。"交互式计算机服务的提供者或用户不得被视为其他信息内容提供者的发布者或发言人"[216]。

在开源中,所有流行的许可证都包含一个"原样"(as is)条款,该条款保护创造者在代码的使用造成伤害的情况下,免于承担责任。MIT 许可证是目前 GitHub 项目中最受欢迎的开源许可证,[217]它指出:

> 本软件按"原样"提供,不提供任何明示或暗示的保证,包括但不限于对适销性、特定用途的适用性和非侵权性的保证。在任何情况下,作者或版权持有人都不对任何索赔、损害或其他责任负责,无论是在合同、侵权行为或其他诉讼中,还是在与本软件或本软件的使用或其他交易相关的诉讼中。[218]

在实践中,软件供应商明白,从长远来看,与不良内容有关的光学效应将是不利的。虽然它不像物理基础设施那样是一种"硬"的生产成本(如果软件坏了,没有人可以访问它),但社区管理是一种"软"的成本,由社会规范强制执行("忽视这些成本,风险自负")。

如果一个平台或项目成为一个令人不愉快的地方,人们最终会离开。2017 年对 GitHub 用户在开源项目上的调查发现,有五分之一的受访者经历或目睹了负面行为,并因此停止了对项目的贡献。[219]

长期成本

除了边际成本,无论有多少人使用它,软件还需要持续的维护以维持正常运行。与其说这些成本是使用的函数,不如说是熵的函数:随着时间的推移,系统不可避免地衰败。

需要维护的不仅仅是代码本身,还有围绕它的所有支持性知识。当代码改变时,其文档也必须改变。问答网站上投票最多的答案最终会变得过时和错误,编程书籍和视频最终也需要进行相应的修订。

维护成本是软件隐性成本的一个重要方面。2018 年 Stripe 对软件开发者的研究表明,开发者花了 42％的时间来维护代码。[220]信息学教授内森·恩斯曼格指出,自 20 世纪 60 年代初以来,维护成本占软件开发总成本的 50％至 70％。[221]

技术债务

代码在首次发布时是"最干净的",因为那是开发者从整体上考虑项目并从头开始编写的时候。随着越来越多的代码被逐步添加,软件开始变得笨重,就像一栋 19 世纪 50 年代的建筑,多年来被零散地添加了新的房间、管道和电线。

当在一个项目中添加代码时,可能很难在很长的时间范围内对决策进行优先排序。一个关键的错误或安全漏洞可能需要走捷径来快速修补,但最终这些短期决定开始增加。开发者将此称为技术债务:做出今天比较容易的选择,但以后要花时间和金钱来解决。

开源项目特别容易受到技术债务的影响,因为它们接受的是那些不一定互相认识的开发者的贡献,也不一定对项目有充分的了解。范围蔓延(Scope creep)是指软件随着时间的推移而变得臃肿的趋势,因为新增加的代码是被逐步评估的,而不是整体评估。

重构(Refactoring)是开发者偿还技术债务的过程:重写、简化和以其他方式清理代码库而不改变其功能。就像编辑一本书和第一次写书一样,重构代码往往是令人恐惧的、没有回报的工作。由于开源开发者倾向于从事他们认为有内在动力的工作,所以不仅开源项目更容易出现技术债务,而且清理混乱代码的动力也更少。

开源项目的最大痛点之一是管理测试基础设施。今天的软件开发经常使用持续集成(Continuous Integration,CI),其中较小的代码修订定期合并到主文件中,而不是以较低频率合并较大的修订。为了减少引入破坏性变更的几率,开发者使用自动化测试来检测新增加的内容是否可以"安全"合并[在 GitHub 上也被称为"使合并按钮变绿"(make the merge button green)]。

为了管理整个工作流程的构建、测试和部署等各个方面,开发者使用 CI 服

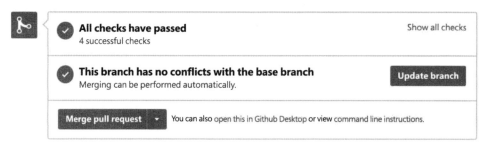

一个准备被合并的 PR[222]

务,如 Jenkins、Travis CI 和 CircleCI。这些工具对开源项目特别重要,因为开发者要合并他们可能不认识的人的修改。

但是,由于测试是随着时间的推移逐步增加的,在每一个额外的代码贡献时都会被写入,所以项目的测试基础设施可能会变得很笨重。当下写一个快速的、不完美的测试是很容易的,但这些小的选择加起来,最终会影响其他人在代码库上工作的能力。有的测试不再有用,有的测试很慢,有的测试不稳定,有的测试没有达到开发者所想的效果,还有的测试被其作者遗弃。

在合并每个 PR 之前,运行所有这些测试可能需要很长的时间。一个大型开源项目的维护者告诉我,每个 PR 需要一个半小时来运行一次完成的 CI 测试,但他每天要审查和合并 40 到 50 个 PR。

这些问题也影响到了闭源软件公司。Uber 的软件工程师艾伦·泽诺(Alan Zeino)写道,在该公司升级其架构之前,"构建时间随着我们的增长而急剧上升。我们有几百个工程师,每天等待 CI 构建代码修改的集体时间损失达数千小时"。[223]

依赖管理

虽然静态代码不随时间变化,但处于活动状态的代码与它的依赖关系密切相关,也就是与它一起运行的其他代码。如果软件是一个乐高屋,那么它的每一个依赖关系都可以被认为是一块乐高积木。一个开源项目可能是其中一块积木,而另一个由另一组开发者维护的项目则构成另一块积木。

随着时间的推移,代码会与它的依赖关系脱节,变得与这些依赖关系的新版本不兼容。即使你的代码没有改变,它周围的一切都会改变。除非开发者使用容器或模拟器等工具复制其确切的环境(也称为开发者环境),否则五年来没有被碰过的代码无法在不做更新的情况下在现代机器上执行。开发者可能会选择坚持使用旧版本的依赖关系,但如果他们曾经更新过这些依赖关系,那么很可能会出现一些问题,需要进行修改才能使其一起运行。

当在一个崇尚模块化的语言生态系统中开发时,依赖性管理会变得特别混乱,比如说 JavaScript。npm 是 JavaScript 的软件包管理器,比任何其他流行的软件包管理器拥有更多的软件包,它拥有超过 100 万个软件包。相比之下,RubyGems(Ruby 的软件包管理器)有 15.3 万个软件包,PyPI(Python 的软件包管理器)有 17.5 万个软件包。[224]

从某种意义上说,JavaScript 的模块化使生态系统更加脆弱。因为有更多的依赖关系,而每一个依赖都由不同的开发者管理,所以存在潜在问题的可能性也更大。另一方面,从理论上讲,模块化的方法更有弹性:即使一个包消失了,由于它的范围较小,开发者应该更容易控制问题并找到一个类似的替代品。

包管理器	平均依赖项目数 (在前 50 个包中)	直接贡献者的平均数量 (在前 50 个包中)
Maven(Java)	167000	99
pip(Python)	78000	204
npm(JavaScript)	3500000	35
NuGet(.NET)	94000	109
RubyGemes(Ruby)	737000	146

流行的编程语言生态系统中使用的顶级软件包的依赖关系与直接贡献者的关系。注意 npm 的极端差异[225]

依赖关系管理的一个特别具有挑战性的方面是安全。与技术债务和重构一样,安全漏洞的管理也很耗时,对开发者来说没有什么好处,再加上如果他们错过了重要的东西,就会担心出现极其糟糕的情况。在商业环境中,开发者被付钱来处理他们不喜欢做的事情。在开源中,很多工作都是以个人动机为基础的,安全问题很容易被忽视。

安全问题不仅影响到开发者编写的代码，还影响到那些依赖他们代码的人。第 2 章中提到的事件流泄露事件，不是针对事件流的直接用户，而是针对依赖该计划的数字钱包应用程序的用户。

罗斯·考克斯(Russ Cox)在写"我们的软件依赖性问题"时解释道：

> 将一个包作为依赖关系加入，将开发该代码的工作——设计、编写、测试、调试和维护——外包给互联网上的其他人，一个你通常不认识的人。
> 我们正在信任更多的代码，却没有理由这样做。[226]

公开披露的安全漏洞被列在国家漏洞数据库中，该数据库由美国国家标准与技术研究所(National Institute of Standards and Technology，NIST)维护，并可通过公共漏洞和暴露(Common Vulnerabilities and Exposures，CVE)ID 来识别。不过，并非所有的漏洞都能进入数据库。

大型项目可能会使用像 Snyk 或 SourceClear 这样的监控工具来扫描他们的代码，并通知维护者已知的安全漏洞，但小型开源项目的维护者，坦率地说，往往不屑于此。2017 年，GitHub 增加了接收开源项目及其依赖关系的安全警报的选项，重点是几个主要的生态系统，包括 JavaScript 和 Ruby。但看到自己的依赖关系树中存在漏洞并不意味着维护者会花时间去解决它。有些漏洞很容易修补，而有些漏洞却让人觉得麻烦得很。

在修补安全漏洞方面，即使是大公司也很容易受到惰性的影响。2017 年，Equifax 报告了一个安全漏洞，超过 1.4 亿客户的个人信息被泄露，包括社会安全号码、信用卡号码和地址。漏洞不是在 Equifax 编写的代码中发现的，而是在其开放源码的一个依赖项 Apache Struts 中发现的。该安全漏洞在几个月前就被披露了 CVE ID，并发布了一个补丁，但 Equifax 的开发者没有及时更新公司的软件。[227]

适应用户需求

维护工作通常被归类为响应性工作：它是保持事物顺利运行的最低要求。

但用户的需求也会随着时间的推移而改变。软件也必须改变以满足这些需求，否则会产生因与用户需求不相关而丢失用户的风险。

克莱顿·克里斯滕森（Clayton Christensen）在《创新者的窘境》（*The Innovator's Dilemma*）一书中指出了这个问题并对其进行了广为人知的分析，在这本 2003 年出版的书中他试图解释为什么成功的公司会被新公司超越，即使它们做得很好。由于过于关注对现有产品的迭代，公司有可能错过所谓的"破坏性创新"的重大机会，而这种创新最终会取代现有产品。[228]

同样，即使是保持定期维护的先进软件，最终也会被其他更好地满足现代用户偏好的东西所取代。与更紧迫的维护成本相比，我们很容易忽视新事物的成本，但对基础设施的良好管理需要有创新的远见。仅仅维护一个大家都勉强使用的工具是不够的。软件的首次开发成本往往还包含着老项目的淘汰成本。

PyPy 是一个旨在取代 CPython 的 Python 语言解释器，因为它运行速度更快。[229] 尽管 CPython 仍然是该语言最广泛使用的编译器，但随着时间的推移，仍有必要警惕像 PyPy 这样的替代者的出现。将 CPython 改写成 PyPy 是一项庞大的工程：增加对 Python 3 的支持估计需要 10.5 个人月的成本。[230]

在维护软件时，开发者必须决定是替换现有代码的一部分还是完全编写新的工具。处理这些权衡取舍为上一章末尾讨论的项目"健康"的概念又增加了一层复杂性。

一个开源项目的活动、受欢迎程度和依赖性是狭义的指标，不能孤立地加以解释。这些指标可以告诉我们一个特定项目的情况，但它们不能回答"我们是否应该继续支持这个项目"的问题。要知道一个项目是否值得维护，需要通过经验获得对生态系统更全面的了解。

在许多情况下，特别是在开源项目中，维护比创造的成本更高，放弃旧的工具而编写新的工具可能会更好。有时，对生态系统来说，最好的事情是让某些项目死去——但在如何做出这些决定上，开发者之间有时很难达成共识。

迈克·罗杰斯开发了一个流行的 HTTP 客户端，叫做 request，他决定停止支持它的维护，不是因为个人原因，而是为了让其他更现代的工具蓬勃发展：

> 对这些新模块来说，最好的事情就是让 request 慢慢淡出，最终成为一段传统技术栈的记忆。坚守 request 现在的地位并使它在下一代开发者中获得更大的份额，这对开发者来说其实是一种伤害，因为这将使他们远离那些没有 request 历史负担的更好的模块。[231]

决定何时支持、何时废弃现有的软件是很有挑战性的，特别是在开源的背景下，通常没有一个中心化的管理机构负责做出这些决定。开发者之间没有相互协调的正式义务，只有为了社区的最大利益而合作的社会期望（假设他们是同一个社区的一部分）。要让用户转而使用一个较新的项目也不容易，即使旧的项目需要升级已板上钉钉了。

Python 的维护者决定结束对 Python 2 的支持，以促使用户转向 Python 3，理由是在保持两种语言版本之间的兼容性方面存在"微小但持续的摩擦"：

> 我们热衷于使用 Python 3 来充分发挥其潜力，目前我们接受了编写交叉兼容代码的成本，以实现平稳过渡，但我们并不打算无限期地维持这种兼容性。尽管过渡并不像我们希望的那样迅速，但我们确实看到它正在发生，越来越多的人正在使用、教授和推荐 Python 3。[232]

因为可能引入破坏性变更，所以鼓励用户从 Python 2 转移到 Python 3 是极具挑战性的。Python 的维护者提前很长时间就宣布了他们的决定，并花了很多时间进行宣传、与公司合作、公布他们的时间排期等，以便在用户中建立这个意识。

有时，多个标准只是彼此并存，没有任何明确的共识。当 Setuptools 被 fork 到 Distribute 时，有三个类似的库并存了好几年——Setuptools、Distribute 和 Distutils，这导致一个困惑的 Python 开发者在 Stack Overflow 上发问：

> 我不知道这些模块——Distutils、Distribute、Setuptools 之间有什么区别。文档很简略，它们似乎都是彼此的 fork，目的是在大多数情况下兼

容（但实际上，并没有完全兼容）。谁能解释一下其中的区别？我应该使用哪一个？哪个是最新的解决方案？[233]

作为回应，一位开发者建议："我认为大多数 Python 开发者现在都在使用 Distribute。"而一位 Distutils 维护者解释说，虽然 Distutils"是用于打包的标准工具"，"在一些子社区中，Setuptools 是一个事实标准"。另一位开发者推荐 Setuptools，但他指出 Distutils"仍然是 Python 中打包的标准工具"。

评估代码的价值

软件的低边际成本使人们分享想法的方式变得民主化。如果分发费用较低，代码就可以更快地被消费和分享。

Python 的作者吉多·范罗苏姆回忆起开发 Python 的前身 ABC 以及向其他开发者实际分发副本是多么困难。"我记得在 85 年左右，去美国出差，这是我第一次去美国，行李里有一盘磁带……"[234] 相比之下，当范罗苏姆在 1991 年发布 Python 时，他把它发布在源代码的邮件列表 alt. sources 的新闻组上，这使得软件分发变得极其便宜和方便。

零边际成本意味着开发者可以免费获得无尽的代码。任何开发者都可以在 GitHub 上免费找到数以百万计的代码仓库。除了教育方面的好处外，能够接触到别人的代码有助于通过降低固定成本，将开发者的想法更快地变为现实。

开发者不必从头开始构建每个组件，而是可以访问其他开发者已经构建并在线发布的所有工具。"在 90 年代，如果你想写代码，你必须先写出基本的数据结构，"GitHub 的前首席执行官纳特·弗里德曼（Nat Friedman）解释说，[235]"但今天，开发者可以在写更少的代码的同时完成更多的工作。"

复用现有的软件组件比从头开始写代码要便宜，这也使得企业家有可能以较少的前期成本来创办软件公司。整个软件行业的财务成功归功于这种套利手段。这些好处也会传递给软件的用户。如果软件的制造成本不高，开发者就能以可接受的价格为消费者提供更多的工具、玩具型项目和应用程序。

但是,软件的"零边际成本"属性对其消费者非常有利。如果软件的消费是免费的,那么就其对生产者的价值而言,是不值一提的。开发者可能从创建一个受欢迎的项目中获得声誉上的好处,但与长期的维护成本相比,这些好处通常是短暂的。

随着时间的推移,社会普遍忽视软件隐藏的、持续的成本的现象使生产者和消费者之间形成了一种紧张关系。正如经济学家 J. 布拉德福德·德龙(J. Bradford De Long)和法学教授 A. 迈克尔·弗鲁姆金(A. Michael Froomkin)所写:

> 如果商品是非竞争性的,也就是说如果两个人的消费和一个人的消费一样便宜,那么向用户收取分发费用就人为地限制了分发:为了真正实现社会福利最大化,你需要为所有付费意愿大于分发边际成本的消费者提供一个系统平台。如果一个数字产品的边际复制成本接近零,这意味着几乎每个人都应该可以免费获得它。
>
> 然而,收取与边际成本相等的价格几乎肯定会使生产者破产,除了希望得到维护费之外,他们几乎没有动力去维护产品,也没有动力去生产另一个产品,除了那种为了普遍利益而使自己陷入贫困的温暖的感觉。
>
> ……如果没有非经济性的激励,除了最自虐的生产者之外,所有的人都会退出生产业务。[236]

软件生产者从未真正想出如何出售代码本身。Stratechery 的本·汤普森对音乐产业也有类似的看法。"音乐产业主要是销售装在珠宝盒里的塑料碟片;这些碟片上的音乐编码是将这些塑料片与其他塑料片区分开来的一种手段,但音乐本身并没有被出售。"[237]

通过调整非竞争性和非排他性的属性,使信息的边际成本为零,生产者人为地促使消费者为代码付费,把它塞进实体的外壳,就像精灵被塞进灯里一样,然后把它们一起卖掉。

代码,当其被变成物理形态时——例如在磁盘或光盘上分发时——更容易被生产者商品化。对含有代码的书籍、光盘或软盘收费，使软件的费用看似"被排除在外"，仿佛是附赠的。而且，类似于像 Blockbuster 这样的视频租赁店，通过只出租有限数量的实体拷贝而使电影变得"具有竞争性"，像 Adobe 这样的公司通过出售具有有限数量用户席位的商业许可而使软件变得具有竞争性。如果你想获得更多的席位，你就必须付费购买。

今天，我们仍然通过人为引入竞争来实现内容的货币化。例如，尽管图书馆现在提供电子书，但每次只有一定数量的人可以借阅同一本电子书，这不是因为技术的限制，而是因为限制性的商业许可。

生产者会尽可能地将代码商品化。叠加在软件之上的商业许可，利用法律行动的威慑力来让客户付款。数字版权管理（digital rights management，DRM）是一种通过将限制直接嵌入技术来控制访问的尝试。在 iTunes 上购买的音乐有与他人共享的次数限制，这种限制直接嵌入到歌曲文件中。

捆绑策略在某些情况下仍然有效。苹果公司仍然通过将软件与硬件紧密结合来使其商品化。大型游戏公司，如微软 Xbox、PlayStation 和任天堂，也将游戏软件与硬件平台捆绑在一起。

但是，盗版软件或影印含有代码的书总是可能的。而随着我们生活中越来越多的事情在网上进行，代码和物理形式开始进一步分离。代码本身并不，而且从来都不具备任何价值，消费者在拒绝直接付费的时候就已经直观地知道了这一点。

比尔·盖茨在 20 世纪 70 年代销售 BASIC 的尝试是对这些教训的深刻总结。BASIC 是用于运行 Altair 的软件，Altair 是一家名为微型仪器和遥测系统（Micro Instrumentation and Telemetry Systems，MITS）的公司制造的个人电脑。它是微软的第一个产品，被授权给 MITS 并与 Altair 一起销售。

在 MITS 的一次演示中，一盘包含 BASIC 的纸带被盗。BASIC 的盗版开始出现并渗透到软件界，削减了微软的版税。盖茨很生气，于 1976 年写下了著名的《致爱好者的公开信》（*Open Letter to Hobbyists*），他在信中指出，"所有 Altair 用户中只有不到 10% 的人购买了 BASIC"，"我们从业余爱好者的销售中得到的版税使我们花在 Altair BASIC 上的时间每小时价值不到 2 美元"。[238] BASIC 软件，一旦从 Altair 计算机上解绑，根本就不值一提。

生产者不断地进行一场艰苦的战斗，威慑、捆绑、乞求、指责和羞辱消费者为内容付费。他们必须扮演牛仔的角色，用他们的拉索捆住消费者，把他们拖到想要的方向，无论是用诉讼来威胁用户，还是诱使读者禁用广告屏蔽软件——然而这也就不允许他们在浏览器的隐私浏览模式下阅读文章。

尽管我们继续对消费者应该以某种方式为软件付费的想法进行口头宣传，但代码却在与这一想法的束缚作斗争，也许是受到了斯图尔特·布兰德（Stewart Brand）的著名观点的刺激，即"信息想要免费"。

经济学家大卫·弗里德曼（David Friedman）讲了一个笑话，是这样的：两个经济学家走过一个保时捷展厅，其中一位指着橱窗里一辆闪亮的汽车说："我想要那个。""显然不行。"另一个人回答。[239]

这个笑话是关于显性偏好的：我们只能根据消费者的实际行为来理解他们的偏好。如果我们把它改写成关于开源软件的笑话，它可能是这样的：两个开发者克隆了一个流行的开源项目，其中一个指着 README 上的一个捐赠按钮说："这是个好主意。""显然不是。"另一个人回答。

静态形式的代码可以帮助我们通过消费者的视角来理解它的价值，即代码是如何以及为什么被如此广泛地传播。然而，从生产者的角度来看，如果我们只把代码当作商品，那么生产者显然会在价值战争中落败。随着越来越多的内容以比特的形式在互联网上飞舞，代码的价值起初缓慢下滑，之后更是急剧下降。

每个人都记得布兰德的声明，即信息希望是免费的，但布兰德也指出，"信息希望是昂贵的"。开发者本·莱什（Ben Lesh）曾在推特上说："开源就是这样一个奇怪的东西。我所做的开源工作显然是我所做的最有影响力的工作，但没有人愿意付钱给我做这个工作。然而，我却被要求谈论它，我实际上有报酬的工作却没有人真正想听。"[240]

即使软件的购买价值被大大降低，它的社会价值似乎也在急剧上升。我们再也离不开软件了，但我们也不想为它付费。怎么会这样呢？

作者简·雅各布斯（Jane Jacobs）在她 1961 年出版的《美国大城市的死与生》（*The Death and Life of Great American Cities*）一书中探讨了这些矛盾的观点，她试图解释为什么城市规划政策让城市失败。雅各布斯对 20 世纪 50 年代城市规划的主要批评是，规划者将城市——其建筑、公园和道路的布局——视为静态物体，只在一开始就进行开发，而不是根据人们的使用情况不断进行修改。

为了说明问题，雅各布斯引用了沃伦·韦弗（Warren Weaver）博士 1958 年的《洛克菲勒基金会年度报告》（*Annual Report of the Rockefeller Foundation*），其中探讨了"科学思想史上的三个发展阶段"：简单性问题、无组织的复杂性和有组织的复杂性。

简单性问题是一个"双变量问题"，例如，计算气体的压力，这取决于其体积。无组织的复杂性问题是那些涉及"20 亿个变量"的问题，例如，预测一个母球在台球桌上移动时的运动。

然而，雅各布斯提出，城市实际上是一个有组织的复杂性问题，或那些"半打或甚至几打数量同时变化并以微妙的方式相互联系的情况"：

> 再考虑一下，作为一个例子，一个城市社区公园的问题。关于公园的任何一个因素都像鳗鱼一样滑溜溜不好捉摸；它可能意味着任何数量的东西，取决于它如何被其他因素所影响，以及它如何对它们做出反应。公园被使用的程度部分取决于公园本身的设计。但即使是公园的设计对公园使用产生的这种部分影响，也取决于谁在使用公园，以及什么时候使用，而这又取决于公园本身以外的城市的使用。[241]

为了确定有组织的复杂性问题，以雅各布斯的工作为基础的神学家蒂莫西·帕蒂萨斯（Timothy Patitsas）转述了市政府部门从业者道格拉斯·霍尔（Douglas Hall）的一个启发式方法。"问题是，你面对的是一个烤面包机还是一只猫？……如果可以把它拆开再装回去，这就是烤面包机。但对于猫而言，肢解则可能意味着入刑。"[242]

就城市而言，雅各布斯认为，"完美"的城市不可能一劳永逸地设计出来，因为人们如何使用他们的环境会随着时间而改变。虽然我们可以客观地评估一个房子的价值（面积是多少、有多少间卧室），但它的价值也受到周围地区的影响

（社区的安全程度如何、附近有好学校吗）。如果一栋房子建在一个高档社区，但这个社区后来陷入混乱，房子的价值也会随之贬值。

同样地，把代码当作一个活的有机体，并不能取代把软件当作商品的想法。相反，它是指软件可以被理解为人工制品和有机体。"信息经济"的规则，如专利和许可证，是很适合商品化的内容，但当内容是一个活的有机体时，其价值最好用人和关系来衡量。

这种与生俱来的双重性——软件既是一个固定的点，又是一条线——是今天围绕着我们如何评价软件和更广泛的在线内容的冲突的核心。软件是一文不值，还是对社会不可或缺？答案是两者都是。

依赖

代码，在活动状态下，其价值体现在它的依赖关系上，或者说，目前还有谁在使用它。如果我发布了一段代码，但却没有人使用它，那么它的价值就不如其他那些被嵌入到数百万人使用的软件中的代码。我可能从我写的其他代码中获得个人价值，但它对其他人的价值是可以忽略不计的。

这样一来，软件就可以和公共基础设施相提并论，类似的评估方法也适用。和代码一样，基础设施的价值来自于其活跃的依赖关系，而不考虑其建设或维护的成本。

想象一下，我们需要确定两座桥的价值。一座的维护成本为1000万美元，而另一座的维护成本为1亿美元。我们不会仅仅因为第二座桥的维护成本较高而认为它的价值更高。相反，我们会评估哪座桥提供了更大的公共价值，以确定哪座桥值得维护。正如研究公共系统的经济学家兰德尔·W. 艾伯特（Randall W. Eberts）所指出的：

> 维护现有基础设施的成本不一定是衡量交通资本对经济的价值。即使以前建造当前资本存量的每个投资决策在项目建造时都是最优的，但经济和人口仍在不断变化，这也会改变基础设施的价值。[243]

基础设施是由公众共识递归定义的。它是我们集体决定的在任何特定时刻都最有价值的一组结构，因此，它的边界和定义预计会随着时间的推移而改变。

然而，依赖性并不能提供完整的故事脉络。虽然一些开源代码可能被广泛使用和依赖，但它的维护成本也可能极低或非常容易被替换，这就影响了它的整体价值。

2016 年，一位名叫阿泽·科库鲁（Azer Koçulu）的开发者因命名纠纷而对 npm 感到不满，他决定在没有警告的情况下下架他所有的模块，在一篇题为《我刚刚解放了我的模块》（*I've Just Liberated My Modules*）的博文中宣称："npm 是某人的私人领地，在这里企业比个人更强大；而我做开源则是因为，权力应当属于个人。"[244]

其中一个被下架模块是一个叫做 left-pad 的库，有一个简单的功能，可以让你的文本右对齐。它的代码只有 17 行长。但由于其他几个大型 npm 软件包也使用 left-pad，包括周下载 1 100 万次的 JavaScript 编译器 Babel，突然间，各地成千上万的开发者开始遇见因此而出现的错误，被媒体称为"破坏互联网"的时刻。[245]

这种影响无疑是破坏性的。就依赖性而言，如此多的开发者立即感觉到它的缺失，这表明 left-pad 被广泛依赖。但它有价值吗？

npm 发表了对此事的事后总结，他们指出，一位名叫卡梅隆·韦斯特兰（Cameron Westland）的开发者在十分钟内"介入并发布了一个功能相同的 left-pad 版本"。在一些开发者继续遇到版本错误之后（韦斯特兰的版本被列为 1.0.0，但一些依赖关系指定了他们使用的是更早的 left-pad 版本），npm 自己"采取了前所未有的措施"，恢复了科库鲁已经删除的原始库。虽然 npm 的用户在之后的几个月里一直在争论这个决定的道德和政治含义，但其实从科库鲁"破坏互联网"到恢复正常运行的时间仅耗时两个半小时。[246]

left-pad 被广泛依赖，它的下架产生了非常显著的影响，但它也很容易被取代。这种特性被称为可替代性——商品或服务被其他替代品替代的能力——它适用于许多开放源代码，特别是当人们在应用堆栈中越往上走时越是如此。

虽然 left-pad 是一个极端的例子，但软件的可替代性有助于我们理解为什么 Angular 或 Vue 等前端网络框架比 MongoDB 和 MySQL 等数据库更难盈利。因为有很多前端框架可供选择(尽管在你选择了一个框架后,转换成本大大增加),所以我不太可能想自己研发生产可用的高质量数据库。

可替代性也适用于其他在线内容。考虑一下每周有多少"最大限度地提高你的生产力的 10 种方法"类型的博客文章发表在 LinkedIn 上,或者你可以在 Spotify 或 YouTube 上刷到多少"放松的音乐"播放列表,而其中的具体歌曲或艺术家往往大同小异。这些博客文章或播放列表中的每一篇都可能吸引成千上万的用户,但它们也很容易被替代。

开源代码也往往是一种高弹性的商品,这意味着它的消费者对价格变化和限制很敏感。如果需要的话,他们会很乐意转到竞争对手那里(例如,机票是一种弹性商品,而健康保险则没有弹性)。

开发者是挑剔的消费者。他们不仅眼光独到,对开源项目之间的细微差别也有着高度的敏感性,而且如果他们不喜欢提供给他们的选择,他们经常会受到启发,并有能力尝试制作自己的版本。相比之下,如果我需要为我的家买一张桌子,但不喜欢提供给我的任何选择,我不太可能尝试从头开始制作一张桌子。

因为创造是有内在动力的,所以开发者总是在现有的软件上进行迭代,把类似的版本调整到他们自己喜欢的程度。那么,不仅开源项目的副本会像病毒一样复制,开发者还喜欢想出更多的原创作品,每一个都与下一个略有不同。这让任何希望将开源代码货币化的人感到愤怒,因为软件的快速创造周期减少了代码的稀缺性,增加了它的可替代性。有人可能编写并发布了一个相当不错的软件库,但如果我可以获得其他一百个与之相似的免费库,我就不太可能想为它付费。

那么,除了依赖性之外,我们还可以用反事实研究法来评估被广泛依赖的代码的价值。

- 如果这段代码不存在,以其他的方式完成同样的事情需要多少钱?[†]
- 这段代码为我们节省了多少金钱和时间?
- 这段代码能让我们做到哪些我们做不到的事情?

反事实研究法不仅考虑了那些明显的成本,还考虑了软件的机会成本,或者是非边际效应,也就是"那些没有基础设施支撑可能就难以实现的经济活动和产出"。[247]

声誉

从公共利益的角度来看,如果我们想列出所有最需要支持的开源代码,上述的方法是一个合理的开始。如果说开源代码就像基础设施一样,那么我们可以根据依赖性(谁在使用这些代码?)和可替代性(如果这个代码消失了,它有多难替代?)的组合指标来衡量它的价值。衡量公共基础设施的经济价值和衡量开源代码的价值一样难,这些方法论更像是艺术而不是科学。

但是,基于依赖关系来衡量代码的价值,只能给我们提供等式的一部分。谁在使用开放源代码很重要,但谁开发了这些代码不也很重要吗?

在第 3 章中,我们研究了开源项目贡献者的不可替代性。一个偶然的贡献者并不具有与维护者相同的价值,因为一个新的开发者需要时间来提高开发速度。维护一个项目所需的难以具象化和转移给其他人的隐性知识表明,开源代码的感知价值至少也有一部分是由其背后的人所决定的。

辛德勒·索尔许斯是一位 JavaScript 开发者,据他估计,他维护着超过 1 100 个 npm 包,[248]这些包每月累计被下载 20 亿次。[249]他也是其他一些流行项目的创建者,包括 Awesome(从游戏到数据库的主题策划列表,也是 GitHub 上最受欢迎的代码仓库之一)和 Refined GitHub(一个流行的浏览器扩展,为 GitHub 的界面添加自定义改进)。

截至 2018 年,得益于通过 Patreon 和 GitHub Sponsors(GitHub 在 2019 年推出的平台原生赞助产品)所获得的赞助,索尔许斯可以一直全职从事开源工作。诚然,他的赞助与他为整个开源生态系统增加的价值并不相称。(Graphtreon,一个独立的 Patreon 分析网站显示,自 2018 年 6 月以来,他在 Patreon 上的月收入不到 4 000 美元[250])然而,索尔许斯保持低开支,住在国外而不是在他的家乡挪威。在 2015 年的一篇博文中,他解释说:"我不太在乎钱或物质,不怎么用钱,每月的开支也不多。"[251] 2017 年,他告诉一位采访者,他住在泰国,每月所得"即使少于 1 500 美元也没关系"。[252]

　　虽然我们有很多关于索尔许斯生活的事情可以评论，但与此讨论相关的是，他在 Patreon 上筹集资金不是为了从事特定的开源项目，而是为了更广泛地从事开源工作。

　　总而言之，很明显，索尔许斯写了很多被广泛依赖的开源代码。我们可以很容易地根据有多少人依赖他的代码来衡量他的价值。

　　但似乎开发者对索尔许斯的赞助也不仅仅是基于依赖关系，而是基于索尔许斯本人。毕竟，有很多开源代码也同样被广泛依赖，但却没有像索尔许斯那样拉来同样多的赞助。正是索尔许斯的知名度，以及他的声誉，使他有可能通过赞助筹集资金。与依赖性一样，在别人看来，开发商的声誉是一个动态的属性，基于他们过去和预期的未来价值来衡量。

　　向维护者支付报酬以从事开源项目的做法并不新鲜。例如，维护 Python 打包工具的唐纳德・斯塔夫特曾被惠普[253]和 AWS 聘用，以改进和维护 Python 的打包工具。[254]公司可以为某个开源项目贡献自己的员工，他们也经常这样做，但有些公司也会雇用维护者并支付他们工资。维护者的声誉可以转化为公司的价值，无论是与品牌关联还是与对项目有影响力的人直接相关。

　　然而，更新的做法是，开源开发者从他们的粉丝和用户那里筹集资金，不仅独立于受薪工作，而且独立于具体项目。例如，德鲁・德沃开展了一个 Patreon 活动，"全职从事自由和开源软件的工作"，其中列出了他负责的多个项目。[255]而尤雨溪（Evan You）的 Patreon 页面支持他在网络框架 Vue.js 上的个人工作（捐款"直接用于支持我在 Vue 上的全职工作"），[256]这与在 Open Collective 上为 Vue.js 筹集的资金是分开的（这些资金用于"支持核心贡献者的主要工作，并赞助社区活动"）。[257]虽然尤雨溪在 Patreon 上筹集资金的能力肯定与他作为 Vue.js 作者建立的声誉有关，但他的 Patreon 资金明显是个人的。

　　在评估一个开源项目的价值时，我们通常关注的是依赖关系，但是，我们越来越需要评估代码生产者的价值。因此，我们发现著名的 React 开发者苏菲・阿尔珀特（Sophie Alpert）困惑地报告说，有人给她提供了 600 美元，让她在一个随机的开源项目上提交一个 PR，因为她会为这个项目带来知名度，这促使她开玩笑地大声问："这就是成为一个有影响力的人的感觉吗？"[258]

　　回想一下你读到一篇文章并发现其有用的经历。如果你要描述这篇文章的价值,你可以衡量它的页面浏览量,或在网上谈论它的人的数量(依赖性)。你可以谈论是否有其他类似的东西存在(可替代性)。但是,如果你真的喜欢这篇文章,并觉得不得不以某种方式支持它,你也可以仔细看看是谁写的。由一家价值数十亿美元的公司的首席执行官写的一次性专栏文章可能很有趣,但你会觉得没有必要订阅他的专栏并为之付费,因为他们今后不太可能继续定期写类似的文章。相比之下,一个独立作家的深思熟虑的研究文章可能会迫使你订阅他们的通讯或赞助他们的工作,希望他们能写出更多同类的材料。

读者与作者的关系是不可互换的。同一篇文章具有不同的价值,这取决于谁写了这篇文章,也取决于读者对该人未来其他作品的阅读兴趣和期望。

Velocityraps 是一个名叫穆斯塔法(Mostafa)的埃及流媒体人的网名,在一个 NBA 赛季中,他向数十万观众直播了 1 000 多场 NBA 篮球赛。他没有使用广告,而是发布捐款链接,通过比特币和 Venmo 接受资金。穆斯塔法在不到一年的时间里赚了 15 000 到 20 000 美元的捐款,他声称这比他在塞得港做机械工程师的收入还要高。[259]

然而,这个例子特别有趣的是,穆斯塔法非法传播了 NBA 比赛,而体育迷们理论上只需花钱订阅有线电视就能观看这些比赛。他们为同一场篮球比赛付费的意愿因由谁提供内容而异。正如一位体育迷瑞恩·雷吉尔(Ryan Regier)在 Medium 文章中所说:"这是一个关于非法流媒体的迷人的启示。尽管人们可以从他们那里免费获得内容,但他们仍然愿意给他钱。"[260]

我们衡量内容的声誉价值是不同的,这取决于我们是在静态还是活动状态下观察它。在社交媒体上,"赞"和"关注"是不一样的奖励。一条病毒式的推文可能会获得成千上万的赞,但这些不一定会转化为关注。同样的道理,YouTube 视频的浏览量和点赞数,与订阅其创作者的频道的人数相比,也是如此。

喜欢和关注之间的区别也有助于我们理解维护成本的重要性。如果一个病毒性的 YouTube 视频的创作者不打算制作更多的视频,那么它就不一定有持续的成本。但如果创作者渴望因其作品而成名,他们在某种意义上也成为维护者,因为他们需要不断生产更多的内容,以保持他们的声誉。

我们可以把创作者的声誉看作是注意力的"电池",或价值储存。更多的追随者意味着银行里有更多的注意力,但当人们关注一个创作者时,他们这样做是因为他们期望收到更多的内容。如果创作者不生产任何新内容,他们的追随者最终会感到厌烦并离开。声誉,像软件一样,需要长期维护。

---

* 在实践中,很少有证据表明是这样的,也有相当多的证据表明可能不是这样的,因为大多数人只是使用软件而不是仔细检查代码。"额外的眼球"的好处是有一个上限,超过这个上限,额外的审查就没有用了。[215]

† 这与影子定价并无二致,在没有市场价格的情况下,价值的计算是基于消费者愿意为获得某件商品而支付的费用。

05
管理生产的成本

"没有人能在大城市中保持家门敞开。"

——简·雅各布斯《美国大城市的死与生》[261]

在解释为什么没有人愿意为软件付费时,人们经常引用"搭便车问题",即如果你不能阻止他人消费一种商品,他们就会使用这种商品而不付费。最终,由于生产者缺乏资源来供应这种商品,这种商品就会被过度使用。通常,这些资源是由消费者提供的。

很容易看到,搭便车问题会存在于非排他性的、有竞争关系的商品上,这种情况通常被称为"哈定悲剧"(也被译为"公地悲剧")。如果一个公园是免费开放的,那么人们来公园玩却不会支付维护和保养的费用。随着越来越多的人涌入公园,公园的质量就会下降,垃圾桶里的垃圾溢出来,人群非常拥挤,草地被磨损得只剩下泥巴。为了解决这个问题,政府通常用税收来养活公园,有些公园也会收取门票。

但是,当涉及公共物品时,比如像软件这样既非排他性又非竞争性的物品,就比较难看出搭便车问题的存在。毕竟,一千个人可以阅读同一篇文章,或使用同一段代码,而不会降低其质量。

在物质世界中,公共物品通常由政府提供,用税收支付,比如:路灯、国防、环境。那政府也应该提供给我们开源软件吗?想必大多数开发者读到这句话之后都会大叫一声"不"!*

经济学家告诉我们,我们倾向于依靠政府来提供我们的公共物品,否则它们会随着时间的推移变得产能不足(underproduce)。因为搭便车问题的存在,消费者不太可能自发地提供生产所需的资源。

但在网络世界中,我们没有政府来提供公共产品,特别是像开源软件这样,经常涉及来自不同国家的开发者,向同一个项目提交代码。如果对某个开源项目来说,一个开发者在澳大利亚,另一个在印度,产品的支持工作又应该属于哪个政府呢?谁的法律更适合用来管理这个项目的代码呢?

开源密码学的早期教训有助于说明为什么政府不适合监管开源开发。

在 20 世纪 70 年代和 80 年代,许多软件开发商使用数据加密标准(Data Encryption Standard,DES)来加密数据。1977 年,DES 被美国政府采纳为官方标准。但美国国家安全局（NSA）也修改了 DES，使其变得更弱，这样他们就可以在需要时用足够强大的计算机蛮力破解它。随着其他国家开始制定他们自己的加密标准，开发者们开始想要比 DES 更安全的东西。

1991 年，一个名叫菲尔·齐默尔曼（Phil Zimmermann）的程序员发布了一个名为 Pretty Good Privacy（PGP）的加密程序。但由于密码学与国家安全息息相关，在美国被认为是一种军需品。如果加密代码越过边境到了另一个国家，它就会被视作一种军火出口。

早期的开源密码学家，比如那些编写 OpenSSL 的人，不得不成为有执照的军火商，以便能够编写和"出口"（即分发）他们的代码。结果齐默尔曼发现自己因为传播 PGP 而受到美国政府的刑事调查，虽然并没有被正式提出指控。

当时，美国国务院裁定，虽然软盘上的代码不能出口，但含有代码的书籍（受言论自由的保护）是允许的。所以齐默尔曼决定将一模一样的 PGP 代码作为一本书出版，书名为《PGP 源代码和内部》（*PGP Source Code and Internals*），然后他就可以把它送到世界各地。

最终，美国放弃了对开源密码学的大部分出口控制。但是，监管和现实之间突出的极端差异表明，虽然政府在我们的物理世界中提供了公共产品和服务，但在我们的网络世界中，它们却难以发挥同样的作用。开源代码是跨国的，影响到许多不同国家的开发者和用户，而政府则受制于国家利益（如国家安全）。再者，软件世界的发展是如此之快，以至于法律还无法跟上。

在没有政府的情况下，我们还没有一个一致的答案来说明网上的公共产品是如何建立、维护和支付的。这些问题延伸到更广泛的技术监管上，因为我们的实体政府继续在数字空间中彼此对峙，无论是欧盟的 GDPR（通用数据保护条例）法律还是谷歌现已终止的 Dragonfly 项目（一个为中国设计的搜索引擎）。当涉及软件和其他形式的在线内容时，尚不清楚是否有政府来负责，也不清楚是谁的政府在负责。我们必须找到新的方式来思考这个问题。

对新道路的需求是埃莉诺·奥斯特罗姆的著作近年来获得新的吸引力的原因。她的作品提供了一个框架，让我们了解人们如何能够自我管理非排他性的资源，而不求助于政府等外部机构。然而，在我们支持这个做法之前，我们首先需要重新审视这个问题。

公共产品生产不足的一个典型经济例子是烟花表演。如果我在家里放烟花,我所有的邻居都可以享受,因为我不能阻止他们观看烟花。最终,我可能会对购买材料、组织表演和承担法律风险感到有些厌倦。

早期的开源倡导者和学者,如埃里克·S.雷蒙德和本柴·本克勒指出,这个问题并不那么简单。在物质世界中,提供物质产品的成本往往使得"为了娱乐"而提供公共产品变得异常困难。例如,美国每年花费近7 000亿美元用于国防。[262]

但在网上,写代码、录视频、做音乐或发表自己的想法并不那么昂贵。内在的动机激发了我们去为他人提供这些内容。我们做这些东西不是因为我们希望得到经济回报,而只是因为我们想做。

捣鼓东西的愿望在我们的生活中随处可见,不仅仅体现在公司工作或与他人合作时,而是作为我们人类的一部分。我们喜欢问问题,我们喜欢自言自语,我们喜欢捣鼓,无论是用文字、代码还是图像。有时,我们很幸运能找到其他想和我们一起做东西的人,但创造的冲动是我们每个人与生俱来的。

更重要的是,人们想要分享他们做的东西。当我们谈论"表达自己"的欲望时,这不仅仅是将困在我们体内的东西外化,也是让别人理解我们内在的那一部分。

我们无法控制人们想要制造东西的方式:它无处不在,无时不有。我们也不能阻止人们分享东西:信息总是免费的,它对创造者和受众都是有益的,可以被广泛使用。

每当我遇到烟花表演的例子时,我总在想,假设的结果是反映了实际的人类行为,还是反映了经济学家的无趣本质?我想到了我在宾夕法尼亚州郊区长大的地方的那些房子,它们的主人每年都会挂上一片闪亮的圣诞灯饰:滑行的圣诞老人、奔跑的驯鹿、跳舞的糖果手杖。为节日装饰自己的房子是美国郊区的一个传统。每年圣诞节前后,我们开车回家,开到家附近时,母亲会要求父亲绕远路,这样我们就可以开车经过所有为节日而装扮过的房子,并惊叹于它们闪闪发光的玩具。

我的邻居们知道别人会关注他们的装饰品,于是把它们挂起来。装饰品会挂在房子的外面,而不仅仅在里面,这是有原因的。他们这样做同时也是为了自己,因为设计完美的节日表演并为他人带来圣诞的快乐是很有趣的[也许还能比隔壁的琼斯（Joneses）一家更胜一筹]。

然而,经济学家对这一现象的发展预测并不是完全错误的。想象一下,如果我和我的父母不是开车经过我们最喜欢的圣诞房子,而是把车停在邻居的车道上,敲打着门,要求他把冲浪的圣诞老人重新挂出来:我们想看去年的热带圣诞主题,但今年他却采用了传统的装饰。那些棕榈树呢?!

我们的邻居为圣诞节装饰他的房子,不管出于什么原因,他喜欢这样做。如果别人想欣赏这些装饰品,这对他来说没有什么损失。但是,如果他的邻居开始敲他的门,提出要求,或告诉他如何装饰他的房子,他可能会感到恼火,并最终停止把装饰品挂起来。

当涉及在线公共产品时,我认为存在供应困难的原因是因为我们没有足够清楚地定义这个问题。换句话说:当软件处于静态状态时,如果不存在搭便车的问题呢? 代码是非竞争性的,它只有第一份版本存在创作成本,而创造者有内在的动机去提供——所以问题似乎并不在于有多少人消费它。

出于这个原因,我对信息付费的尝试持怀疑态度,无论是报纸文章还是开源软件。如果有些人喜欢自己动手做东西,而大部分内容又是一种高度可替代的东西,那么在线内容就不可能会出现生产不足。总有人会想为其他人做点什么,考虑到免费提供内容的巨大社会效益,为什么要阻止任何人消费这些内容?

相反,我想把问题转过来问:如果软件不是生产不足,而是生产过剩呢? 圣诞灯的问题不在于任何人都可以开车经过并观看它们。只有当我们认为我们的邻居欠我们什么时,问题才会浮出水面;如果我们越过无形的边界,敲开他的门,并要求做出改变,问题才有可能被明确。

同样地,对代码或内容的访问收费是没有意义的,因为并不是有太多的人在消费这个东西本身。是软件的生产——而不是消费——受到了太多需求的影响。我们对不受约束的在线参与的期望,导致消费者向另一边溢出(译者注:太多人在消费软件的生产过程,而不是软件内容本身)。

生产是一面单向镜

只有极度无礼的人才会大摇大摆地到邻居家敲门,要求挂上冲浪的圣诞老人。但在网上，人们在文章和帖子上发表贬低他人的评论或提出要求、在开源项目上提出 issue 要求新的功能或一些问题支持，都被认为是正常的。

在第 4 章中，研究软件的成本和价值时，我提出可以从两个方面来看待代码：静态的和动态的，而且是一个依赖关系（谁在使用它）和维护者的声誉（谁在制造它）的函数。

我想把这个想法做进一步延伸——管理源代码需要把它的生产和消费分开：把它们当作两种类型的经济产品。任何人都可以消费代码，但只有少数人可以生产它。

吉多·范罗苏姆，Python 的作者，在担任该语言的 BDFL 二十七年后，于 2018 年卸任。[263] 他的这个决定被大家认为是他在一个名为 PEP 572 的提案过程中感到了疲劳，该提案建议对 Python 进行语法修改，并膨胀成长长的分支讨论线，吸引了大量没有足够背景知识就参与讨论的家伙。[264]

他在一篇博文中解释说，更大的问题是，Python 的参与式决策过程不是规模化的：

> 在 python-dev 和 python-ideas 上讨论 PEPs 显然不再是可扩展的了，即使是 python-committers 也不可能有太大的规模。:-)
>
> 我想知道是否有必要为每个 PEP 创建一个新的 GitHub repo，其内容只是一个 PEP 草案，其 issue 和 PR 列表将被用来讨论 PEP 并提出具体的修改。
>
> 这样一来，讨论仍然是公开的：当 PEP 特定的 repo 被创建时，作者可以通知 python-ideas，当他们接近提交时，可以通知 python-dev，但讨论不会像 python-{dev, ideas} 讨论那样吸引不知情的局外人，而且对于想了解提案的局外人来说，更容易找到所有相关的讨论。[265]

范罗苏姆的建议强调了公开的内容和参与性的内容之间的关键区别。内容可以提供给任何人阅读和消费，但这并不意味着它需要开放给任何人来参与。开源的开发者所经历的大部分疲劳不是来自于公开他们的代码，而是来自于他们的代码的开发过程被参与。

开放的源代码，在静态状态下，是一种公共物品，这意味着它既是非排他性的，也是非竞争性的。就像我邻居的圣诞装饰品一样，如果它能以几乎为零的边际成本被消费，我们就应该让人们拥有它。这种代码的价值可以像其他类型的基础设施一样被衡量：通过它被依赖的数量，以及它的可替代性。

然而，开放源代码的生产更像是一种公共资源，也就是说，它是非排他性的和竞争性的，其中注意力是竞争的资源。维护者不能阻止用户竞争他们的注意力，但他们的注意力将会被耗尽。

我的邻居愿意分配一定数量的时间来计划和摆放他的圣诞装饰品。当我敲他的门，提出要求，或以其他方式试图"帮助"他时，我从他分配给装饰他的房子的注意力中抽出，而这只是他每天要做的许多事情之一。当注意力被过度占用时——比如说，有一群人在外面排队按他的门铃——就会发生公地悲剧，我的邻居不再想摆放他的年度圣诞装饰品了（确实是个悲剧）。

公共资源的价值来自于其成员的声誉，成员指的是生产公共资源的个体或群众。如果我的邻居停止摆放他的装饰品，我将是一个可怜的替代者。我不知道该买哪种灯，也不知道如何最好地安排它们。因此，我的邻居比我对公共资源的价值更高。如果我们投票表决，我们的街坊邻居更有可能希望是他挂上圣诞装饰品而不是我。

开源代码本身并不是一种公共资源，而是其基础贡献者社区的正外部性。用户可以以零边际成本消费或"占有"代码，因为公共资源实际管理的不是代码而是注意力。当开发者做出贡献时，他们从公共资源中占有这种注意力。

奥斯特罗姆的公地资源管理原则只有在有明确的群体界限时才适用，这有助于通过制定和执行有意义的社会规范来减少过度占有的风险。但是，如果任何人都可以通过提出要求来占有维护者的注意力，那么公共资源最终将被耗尽。

为了减少开源软件中注意力的过度占有，我们可以把它的生产看作是一面单向的镜子。在该镜中，我们针对体育馆型项目特有的超社会性或单面性关系进行设计，而不是针对俱乐部型项目相关的人际关系进行设计。

用户可以随心所欲地消费代码；他们的公开对话可能会间接地影响未来的迭代；他们甚至可以"看到"生产面（例如，通过对邮件列表讨论、聊天记录和 PR

的只读访问）。然而，双方都明白，他们在做这些事情时要保持尊重的距离。

乔纳森·兹齐亚斯基（Jonathan Zdziarski），一位 iOS 开发者，也被称为 NerveGas，暗示了单向镜模式可能是什么样子：

> 用户和他们的要求肯定是有地方满足的，然而那不是在社区内部（除非他们也是有贡献的开发者）；社区，就像任何需要练习的艺术一样，是脆弱的；你不会在一个画家还在画他们的作品时，就坐在边上批评他。用户群需要离开艺术领域，进入博物馆，那里才是你的软件应该被展示出来的地方。[266]

兹齐亚斯基的评论与本书导言中引用的流行短篇小说《猫人》的作者克里斯汀·鲁佩尼安（Kristen Roupenian）的评论相呼应，她说："我希望人们阅读（我的书）。我希望他们喜欢它。同时，我也不想知道他们对它的看法。"[267]

当生产是一面单向的镜子时，创作者被屏蔽了注意力，在公众视野中建造东西，但不期望他们与无益的贡献者接触。我们可以把这看作是一种只读访问的形式，与开源项目本身的权限系统并不一样。

就像观看炉边聊天一样，外部人员无需参与即可观察社区中人与人之间的互动。在开源中，我们可能会想象欢迎任何人阅读社区邮件列表、issue、PR 和聊天日志，但是进一步的参与需要现有开发者的批准（或者在某些情况下，需要为"写入权限"付费）。

如今，许多在线社区都使用单向镜模式，例如以计算为中心的社区 Lobsters[268] 和用于发现新产品的社区 Product Hunt[269]。这些社区是公开的，任何人都可以阅读，但是要发布信息，新用户需要得到现有用户的邀请。

乔纳森·兹齐亚斯基提议转向一种他称为 peer source（对等来源）的模型，在该模型中，他所有的项目都将变成私有仓库，只有受信任的开发者（他认识的人或有人可以担保）才能访问。他写道："社区中的其他人都可以下载二进制文件，并且对某种程度的问责制感到满意，只是不用对他们负责。"[270]

"对等来源"的概念类似于私有的、仅受邀请的 torrent 社区，它的出现是为了避免过度使用文件共享。P2P 文件共享的工作方式类似于公地，其中文件是公共资源。这里有两种角色，一种是有种子的人（上传内容的人，又名"生产者"），另一种是租赁者（下载内容的人，又名"消费者"）。

当共享是公开的时候，有可能会出现过多的"偷窃者"而没有足够的种子，因为用户没有动力上传自己的内容——仅想消费。然而，在私人社区中，可以要求用户保持一定上传/下载比率；否则他们会被踢出去。

但是，文件共享和开源代码之间的区别在于，代码可以像其他形式的在线内容一样被使用，但不用考虑如何被生产。而对等文件共享需要种子，它不能作为单向镜模式使用，因为消费者总是向生产者施加边际成本。而只要不去刻意引起注意，用户可以在使用开源代码的同时却不影响生产者。

通常，公共资源仅由其成员生产和使用：一个封闭的用户系统，同时也是参与者。但是，外部人也可以免费使用在线内容。非成员使用代码的能力应被视为积极的外部性，而不是表明他们是社区的一部分。就像允许游客参观巴黎，但他们不是巴黎人。

回到我的邻居在圣诞节装饰的例子，并不是说他为了我们才装饰圣诞节。他之所以这样做，是因为他喜欢装饰（并且因为这样使他看起来很棒）。我们欣赏他的装饰能力是他选择做出的任何决定的积极外部性。我们没有告诉他该怎么做，但我们确实可以享受他做的事情所带来的好处。

在开源中，任何人都不应该仅仅能够查看、下载和派生开源代码，而是还应该可以见证成员之间的交互。只要没有消耗生产者的适当注意力，就没有理由阻止用户访问这些信息。

当注意力被占用时，生产者需要权衡交易的成本和收益。为了评估对注意力的占有是否为净正值，区分榨取性和非榨取性贡献是有用的。

榨取性贡献是指评审和合并该贡献的边际成本大于对项目生产者的边际收益。在代码贡献的语境下，可能是一个过于复杂或难以评审的 PR，或者是一个热情的用户想要组织一个社区活动，即使该活动需要消耗项目中更多超出本身价值的开发者资源。榨取性贡献的最常见形式是评论、问题和功能请求。

参与 Python 社区的维护者 C. 泰特斯·布朗（C. Titus Brown）描述了如下的榨取性贡献：

> 榨取性贡献者带来的负担,比你想象的要大得多。他们花费了项目的精力,却没有创造任何收益。有时,功能请求、问题和精力旺盛的讨论将项目引向新的、有价值的方向,但很多情况下,它们只是浪费时间和精力,对每个参与人员来说都是如此。[271]

布朗指出,即使是经验丰富的、积极的贡献者也会提出榨取性的请求。例如,一家公司可能会从一个开源项目中请求某些功能,但随后却不为其正在进行的基础架构和维护提供资源。布朗引用一位朋友的话说,解释榨取性贡献的一种简单方法是:"有时应付 PR 需要花费比它本身的价值更多的精力。"

Rust 项目的贡献者 Withoutboats 描述了随着项目的发展,无害的贡献将如何变得具有提取性的:

> 当某个主题已经有 770 条相关的评论时,你显然不会把它们全部读完……加入话题的每一个评论最终都是一种债务形式,而且它是一种带有复利的债务形式。
>
> ……无论我们创建了多少个 GitHub issues,似乎每一个 issue 的长度都会增加,直到成为无法继续的对话。我们在诱导需求上遇到了困境:就像在高速公路上增加车道不能解决交通拥堵一样,创建更多线程也不能解决评论拥堵。[272]

诱导需求的威胁解释了为什么管理榨取性贡献的解决方案并不总是增加更多的贡献者(可能如此很诱人),而是在哪种类型的任务值得分配任何人的注意力以及哪些类型的任务可以安全地忽略之间划出更清晰的界限。与其问"我们如何做到我们所想要做的每件事",不如问"我们如何评估什么是最重要的事情"。

就 Rust 而言,维护者可以招募新的贡献者来阅读评论,并将其汇总给小组,但真正的答案可能是完全停止阅读评论。一位 Rust 维护者描述了管理通知的徒劳性,将其比作"抑制泥石流"。维护者首先要减少需求,而不是做出更快的响应,这通常是更明智的选择。

相比之下,非榨取性贡献是指那些为项目的开发者带来净收益的贡献。不与项目开发者进行交互的用户也不会增加边际成本。正如布朗所说:

> 用户是很有趣的,因为他们对项目没有任何贡献,但也没让我们花任何钱。如果有人下载了 sourmash(一个命令行工具和 Python 库),安装了它,运行了它并获得了结果,但是不管出于任何原因,他从未公开使用情况并联络我们,那么他就是零成本用户。[273]

临时贡献如果类似于本克勒的模块化、细粒度的任务时,这种贡献是非榨取性的。该任务不需要维护者的额外投入,而且审核和合并的费用也不高。如果贡献的收益超过了审核和合并的成本,那么更大、更实质的贡献也可能是非榨取性的。

翻译是一个例子,根据管理方式的不同,贡献可以是榨取性的也可以是非榨取性的。对于刚来到一个受欢迎的项目的新人来说,通常的贡献就是提供翻译,将文档翻译成另一种语言。乍一看,似乎是一种补充。为什么不以更多语言提供文档? 它也是相对自我指导的(维护者不会讲这种语言,因此他们必须信任贡献者自己能处理),并依靠贡献者的专业技能(他们大概会熟练地使用他们所翻译的语言),所有这些都使其看起来像是理想的贡献。

但是文档不是静态的。随着主要语言文档的变化,翻译也需要保持同步。提供翻译文档的贡献者是否愿意继续无限期地维护文档? 可能不会。维护者是否要寻找新的贡献者,使他们的文档在荷兰语、斯洛文尼亚语和葡萄牙语中保持最新状态? 可能不会。

维护者可能需要花费大量时间来协调和同步多个翻译,而对项目的收益却很小。因此,除非维护者想要管理这项工作,否则他们很可能会接受一位热情贡献者的一次性翻译,并明确表示将不会对其进行维护,或者根本不会接受任何翻译。

榨取性贡献仍然被认为是贡献,而且维护者很难忽视它们。因为,正如布朗所说的那样："在开源世界,开发者被教导要珍惜所有用户,并会经常使出浑身解数,以满足用户的需求。"没有人愿意被指责为不近人情或不受欢迎。这种担心引起公众不满的恐惧使维护者感到压力,即使它们是榨取性的,也要审查贡献。

但是,管理公地的最佳实践表明,维护者应避免将注意力集中在榨取性贡献上。用奥斯特罗姆的话说,如果提议者不是管理它的社区的一部分,这相当于成员在管理共享资源时忽略外部的意见(无论是来自政府、市场还是其他有意见的外部人)。不管热情还是善意,不是每个人都可以参与,因为如果生产者的注意力没有得到适当的管理,将会被消耗掉。

编程语言 Clojure 是一个开源项目的例子,该项目明确划分了参与范围。该书的作者里奇·希基以自上而下的治理方法而闻名,其他"Clojurist"有时对此表示反对,但总体上似乎尊重他。在回应一篇开发者批评希基的治理风格的博客文章《谁是权威?》(*On Whose Authority*)时,希基在 Reddit 上发表了一篇冗长的评论,质疑了 Clojure 的开发完全需要社区努力的观点:

> 权威伴随着作者身份而来……我不知道为什么这不再是显而易见的。如果不这样思考,就会产生一种破碎的经济模式,即人们无权控制自己的劳动产品,因此无法控制自己的生计。
>
> Clojure 从一开始就不是一个社区项目,现在也不是。这没关系,至少让我们看到了,一切都是或应该是社区努力的假设被严重打破了。[274]†

在以下各节中,我将结合第 3 章对社会动力的讨论与第 4 章对生产成本的解释,探讨开源维护者如何利用这些原则来明智地分配他们的注意力并从他们的工作中实现价值。

管理生产者注意力

开源维护者使用一些典型的模式来管理他们的可用注意力:

- 降低前期成本
- 降低自身的可用度
- 将成本分配给用户
- 增加可用的总关注度

虽然我们可能会认为体育场型的项目代表某种程度的资源匮乏,而俱乐部和联邦项目代表了资源充足,但我观察到上述策略在各种类型的项目中都会被使用,不管它们有多少贡献者。单个维护者可以将其用户引导到用户对用户支持系统,而大型项目则可以使用自动化来减少总体需求。正如第3章所探讨的,"完成的工作"是一个可用的有关全部注意力的函数,而不是项目贡献者的数量函数。

除了成本在整个项目生命周期中波动之外,维护的收益也在波动,这反过来又影响了维护者愿意分配的注意力。在项目的早期阶段,维护者可能会获得更多好处,因此对其给予更多关注。但是,如果维护者已经获得了与项目相关的声誉收益,则在没有额外奖励的情况下,他们愿意分配的注意力会随着时间的流逝而减少,尤其是在所需工作量不断增长的情况下。

对于任何给定的项目,我们都可以想象存在一个点。在这个点上,维护项目的边际收益超过了这样做的边际成本。例如,当一个给定项目的支持量变得过高时,维护者就不值得继续应对每个额外问题。他们会考虑优先回应哪些支持问题,或是请新的维护者来帮助,又或者是将支持问题完全推给用户。这些策略中的每一种都是将维护者的成本降低到其所获得的收益门槛以下的方法。

维护成本对软件开发者而言是极大的麻烦。每个开发者都试图减少那些会随着时间的推移而需要做的维护工作量。但是软件永远不会完成,也不会消亡:维护项目的成本可以接近于零,但它是渐近的。

我们永远无法完全抽象出维护成本,因为无论有多少人使用,软件仍会随着时间的推移而退化。开发者只能将这些成本降低到可以持续的程度,找到新的方法来投入时间进行维护,或者将项目交给新的维护者。

从高层次上讲,扔掉项目并重新开始也许是最经济有效的方法,即一块一块地重建整个系统。也许我们要解决的不是某一个项目该怎么维护,而是如何让生态系统更加繁荣。维护者可以,并且经常这么做,将项目标记为"未维护",并要求用户 fork 代码以进行更改。和维护软件同样重要的是,让现有的开发者退出并继续前进变得容易,并为社会所接受。

最后,维护者对成本和收益的看法是主观的。一些维护者可能会喜欢花很多时间在其他维护者不会做的某些任务上。一些维护者可能比其他维护者更关心安全漏洞或代码可读性。还有一些维护者可能会拒绝将时间花在用户支持上,即使他们得到了报酬。我们可能对希望维护者做什么有自己的看法,但是他们最终选择做什么取决于他们自己的愿望和动机。

降低前期成本

在谈到减少根本不需要人类关注的工作时,自动化是开发者最好的朋友。这相当于为收件箱设置过滤条件,这样一来,无关紧要的电子邮件就不会引起你的注意。

不仅是开源开发者,更普遍的是软件公司也大量使用自动化,尤其是在产品支持和内容审核领域。在 2019 年的一份报告中,Twitter 估计,38％的攻击性推文已通过自动化被预先标记,而不是完全依靠人工报告。[275]

Twitter 的创始人兼首席执行官杰克·多尔西(Jack Dorsey)解释说,要满足不断增长的需求,自动化至少在某些层面是必要的:"我们希望保持灵活性,我们希望首先在构建算法方面努力,而不是仅仅依靠雇用大量员工,因为我们需要确保这是可扩展的。"[276]

在开源中,开发者使用自动化来降低成本,无论是机器人、测试、计划任务、代码检查器和样式指导、预设回复还是问题模板,所有这些都有助于管理贡献过程。甚至文档也可以说是自动化的一种形式,预测有哪些问题是经常出现的,并公开提供这些问题的答案。

前 Rust 维护者 E. 邓纳姆(E. Dunham)将自动化描述为一种与人类共事而不是与人类对抗的方式:"评审的过程不能也不应该交给电脑,但我们可以利用技术使我们的评审工作尽可能地简单。我们将人工任务留给人,让我们的技术完成其余的工作。"[277]

维护者降低成本的另一种方式是通过克劳特和雷斯尼克所说的筛选机制,

包括选择开发者工具。虽然一些维护者为了提高项目吸引力并吸引新的贡献者而迁移到 GitHub，但有些维护者故意不在 GitHub 上托管代码，他们似乎很享受这样的乐趣，因为这使他们的项目更难被人接触。

克劳特和雷斯尼克强调，筛选机制不仅仅在于"淘汰那些不适合开源项目的潜在成员"，还与"增加那些获得特权的人的责任感"有关。[278] 筛选机制是一把"双刃剑"，"可能会赶走一些潜在有价值的不愿进行初始投资的成员"。一些维护者也提出一些有关添加问题模板、清单和错误信息的担忧：他们不想通过使过程过于复杂来阻止新的贡献者。

另一方面，当开发者通过贡献获得回报，他们就更有可能留下来。维护者是否应该守住门，又或是打开门，取决于他们当前的需求。他们可以选择根据需求的强烈程度，决定更多或更少的接纳贡献。

最后，维护者可以通过使某些操作更加昂贵来降低其前期成本。他们可以收取费用以提出问题或提出请求，类似于高速公路在上下班高峰期收取更高的通行费以减少道路上的汽车数量。我们还没有看到许多开发者尝试这些想法，部分原因是它仍然被认为违反了开源的参与性规范，也有部分是因为需要良好的平台支持（GitHub 当前无法对这些操作收取费用）。

如第 1 章所述，平台帮助创作者在分发、托管或安全性等类别中削减成本起着至关重要的作用。通过减少或消除这些成本，平台使创作者能够专注于他们的想法。

有时，创作者会与他们所依赖的平台发生冲突，因为哪些任务应该是谁的工作并非总是明确的。例如，在 Facebook 和 Twitter 等社交平台上，内容审核是争论话题。平台政策可能会影响创作者的内容生产能力，无论是 Instagram 对裸体的政策，YouTube 对广告商内容不可接受的政策，还是 Twitter 对仇恨言论的政策。

平台也不承担劳动力成本：你还是要自己带斧子到矿场里。2016 年，将近 2 000 位维护者共同签署了一封名为"亲爱的 GitHub"的信（当然了，也是以上传到一个 GitHub 公开仓库的形式进行），批评该平台无法帮助解决不断增长的维护成本：

> 我们当中那些在 GitHub 上维护最受欢迎的项目的人完全被你们忽略了。我们通过你们提供给我们的唯一的支持渠道发出请求,要么得到无效的响应,要么甚至根本没有响应。我们无法了解我们的请求发生了什么,也不知道 GitHub 是否正在处理这些请求。[279]

作为回应,GitHub 工作人员向仓库提了一个 PR,他们在里面道歉:"我们听到了你们的声音,我们很抱歉。"并承认,"在过去几年中问题确实并没有得到 GitHub 的太多关注,这是一个错误,但我们从未停止过思考或关心你们和你们的社区。"[280] 由 npm 创始人和前首席执行官艾萨克·施吕特(Isaac Schlueter)创建的 dear-github 仓库和 isaacs/github 仓库,原本只是跟踪他本人对 GitHub 的问题和功能要求的地方。随着时间的推移,也逐渐变成了让开源维护者们跟踪他们对 GitHub 的功能请求的地方,尽管多年来很少受到 GitHub 的正式关注。[281]

由于解决方案通常受平台限制,因此开源维护者降低成本的能力在很大程度上取决于 GitHub 官方支持的内容。但是,仍然有许多例子可供参考。

持续集成和自动化测试

持续集成是一种部署的实践方式,将较小但更频繁的变更部署到生产中,有助于开发者更快速地迭代软件。

更频繁地部署更改需要开发者之间更深度地协作,因为多个人要更改同一个代码库,于是也涌现了许多自动化服务来管理这个流水线,包括 Travis CI 和 CircleCI。甚至 GitHub 也已开始通过 GitHub Actions,一种用于构建自定义自动化软件工作流程的系统,提供自己的持续集成服务。

持续集成在软件开发中得到了更广泛的应用,不过,正如第 4 章所述,它在开源中特别有用,因为开发者必须与其他可能不认识的贡献者进行协作。通过设置构建代码、测试代码和部署代码的自动化测试和工作流,维护者可以更有信心地合并不熟悉的开发者的贡献——只要他通过了检查。并且贡献者也可以对不那么熟悉的项目提交的更改更有信心。

机器人

机器人是自动化的、可配置的助手,对于大型开源项目而言,已成为必不可少的工具。机器人可以提供各种服务,无论是率先回应问题,检查贡献是否通过测试并符合要求,还是更新依赖关系。例如,Rust 的 Highfive 机器人可以为某个 PR 找到最合适的评审者,然后添加上这个标记,[282] 而 Kubernetes 的 Prow 机器人可以审阅,分类和合并 PR。[283]

研究员迈瑞利·韦塞尔(Mairieli Wessel)等人发现在 GitHub 上采样的 351 个流行的活动项目中,26%使用机器人来管理其工作流程。[284] 尽管一些维护者担心机器人会让新参与者觉得没有人情味,但这种形式的自动化似乎已成为一种越来越普遍的做法:韦塞尔等人指出,从 2013 年起,出现了使用机器人的"热潮"。

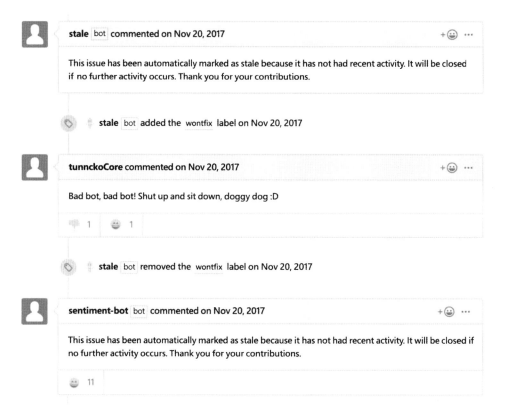

一个机器人在 GitHub 上为另一个机器人辩护[285]

代码风格指导和检查器

开发者不仅要测试其代码的功能性,还要测试其编写格式。就像多位作者共同撰写同一本书一样，每个开发者都有自己的自我表达风格，即使与他人创建共享项目时也是如此。

开源项目，特别是那些有很多贡献者的开源项目，会使用"代码风格指南"来保持代码干净，并使新手更容易阅读和理解。就如 $1+2$ 和 $(3^2)/(471-468)$ 可能都产生相同的答案，但是一个比另一个更容易阅读。

检查器（Linters）用于分析代码中的错误，并且可以自动规范代码样式，无论是分号的偏好设置还是制表符与空格的取舍。代码风格倾向于遵循项目作者的喜好。

模板和清单

issue 和 PR 的模板类似于客户支持的联系表：它们帮助"预筛选"用户请求并过滤掉噪音。在 2018 年按 issue 量排名的前 100 个 GitHub 项目中，有 93% 的项目使用了 issue 模板。[286]命令行程序 Youtube-dl 的 README 也解释了为什么模板有用：

> 在使用 issue 模板之前，尽管我们有全面的错误报告（bug report）指导，但收到的 issue 报告中约有 80% 是无用的……
>
> youtube-dl 是一个由很少的志愿者参与的开源项目，因此我们宁愿花时间修复一些和所有那些简单的问题都不适用的 bug，并且可以有足够的信心重现该问题，而无需一再询问报告者。[287]

维护者有时会使用清单来确保贡献者在提交 PR 之前已阅读并同意其所有条件。React Native Firebase，一个连接到 Firebase 服务的 React Native 模块的集合，在模板中有一个要求是让那些填写错误报告的人在主题行中添加一个火（fire）表情符号，以证明他们确实阅读了整个模板：

> <！-感谢您阅读到这么后面 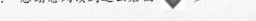 ->
>
> <！-高质量且详细的问题对于维护者来说更容易分流处理->

<! -为获得奖励积分,如果您在问题标题的开头加上一个（🔥）emojii（原文如此）,我们就知道：->

<! -您花时间正确填写了该信息,或者至少读到了这里->[288]

限制可用注意力：$n=1$ 种方法

除了使用自动化降低成本外,维护者还可以通过减少可用注意力来管理需求。维护 Python Tutor 开源项目的菲利普·郭（Philip Guo）将这种方法描述为"$n=1$"：

> 无论什么时候从 $n=1$ 个开发者到 $n=2$ 个开发者,这都是最大的飞跃,因为这样它就变成了一个由多人共同协作的软件开发项目。我不能再把一切都放在脑子里了,我需要与他人协调和沟通……
>
> 因此,总的来说,我不接受 PR。如果你提出 PR,我可能会看一下它们,并对它们进行评论,并且可能会从你的一些想法中得到启发,但是我没有设置工作流。因此,你应该可以理解我,我不接受外部的贡献……不是因为我不喜欢,而是因为我没有时间去审查和维护它们。[289]

菲利普·郭承认,他很可能会错失合作机会,但通过将工作范围局限于自己本地,他已经愉快地维持该项目很多年了。[290] 他也不用担心代码质量或文档,因为他认为这是一个个人项目,他是唯一的开发者,并且不打算将它移交给其他任何人。

开发者加布里埃尔·维埃拉（Gabriel Vieira）询问创建 Lua 编程语言的罗伯托·耶鲁萨利姆斯奇（Roberto Ierusalimschy）是否可以向该项目提交 PR 时,曾有过类似的经历：

> 我曾经问（罗伯托）我是否可以发送有关我想要的语言功能的 PR,他

的回答让人很难忘："是的你可以，但是我不会使用你的代码。我喜欢别人给我发想法，我实际上很喜欢编程……所以我很乐意接受你的建议，但我会自己写代码。"

　　然后他解释，这种"独裁"行为使他多年来保持实现方式的简洁明了。他得意地说源代码少于 8K LOC（代码行），尽管在最新的版本中代码量可能有所增加。[291]

在这两种情况下，郭和维埃拉都承认，PR 的功能更像是评论或建议。这些贡献仍然可以为维护者提供有益的启发，而无需将其他人的代码合并到他们的项目中，从而也无需进行那些技术性或是社会性的协调工作。

Homebrew 的主要维护者迈克·麦奎德（Mike McQuaid）通过使用分层管理贡献的方法来限制他的可用注意力：

- **初次贡献者**需要文档，模板和自动检查以"鼓励高质量的 PR"，以及当他们的 PR 被合并时的正面激励会鼓励他们再次贡献。[292]
- **第二次贡献者**需要维护者轻微增加注意力，例如提供更详细的代码审查。迈克鼓励维护者对贡献者"提出更大的要求"，而不是试图自己解决贡献者的问题。
- **第三次贡献者**"现在需要……个人的，集中的注意力"，包括提供指导，建议其他贡献领域以及将其工作分担给其他社区成员。

对于初次贡献者，他们（而不是维护者）要负责让自己的 PR 符合评审标准且更加干净。维护者无需在临时贡献者身上投入太多，直到他们至少回来做第二次贡献。重复贡献者会逐渐获得维护者更多的信任和关注。

但是，维护者需要通过建立系统来"帮助贡献者帮助自己"，该系统使贡献者可以轻松地知道他们何时成功。维护者应为贡献者提供自助服务所需的工具，例如清晰的文档、测试、清单和指引流程的机器人。

分配成本：用户对用户系统

用户对用户系统是一种分散成本而又不消耗生产者注意的方法。根据任务的不同,有时候用户比维护者本身更有动力参与和管理工作。

审查

随着用户数量的增长,审查工作可能变得昂贵而繁琐,这是许多流行的社交平台所经历的痛苦。当完全由员工管理时,内容审核的工作难以覆盖 Instagram 的每月 10 亿用户[293],或 Facebook 的每月 20 亿用户[294]。但是,受到不当内容严重影响的用户具有内在动机去采取行动,他们愿意标记和隐藏内容,这可以帮助降低审核成本。

平台不仅要提供报告问题的工具,而且还必须使用户能够控制其体验。GitHub 有专门的内部团队来管理垃圾邮件和滥用情况报告。但是,GitHub 也鼓励项目管理自己的社区行为。社区准则指出:"我们依靠社区成员传达期望,主持他们的项目并报告滥用行为或内容。我们不会主动去寻找要调整的内容。"[295]

GitHub 提供了一套工具,使维护者能够管理其社区,无论是通过关闭有争议的贴子的评论区,屏蔽用户,还是禁止他们进入项目。Twitter 也采用类似的方法,鼓励使用屏蔽和静音功能来自定义每个用户的体验。虽然这些工具的质量激发了用户之间的无休止的辩论,但其基本策略是分配和减少审核成本,这是一个有效方法。

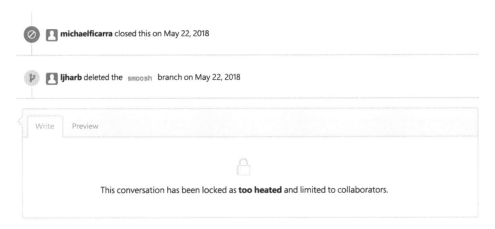

GitHub 上的锁定问题示例[296]

热心的社区成员还可以充当创作者的"盾牌",消除不必要的干扰,让他们专注于自己的工作。拥有大量追随者的创作者开始认出熟悉的面孔,他们可以自己指定社区中受信任的成员来提供帮助,而不是试图自己主持所有事务。

平台应认识到这些关系的价值,并找到正式支持它们的方法。例如,Twitch承认官方的"审查人"角色,这是对"广播员"或流媒体角色的补充。根据 Twitch的指南,审查人要"确保聊天通过删除攻击性的令人反感的帖子和垃圾邮件来达到传播的标准"。[297]

Twitch 鼓励广播者从其社区中选择审查人,例如"你信任的人或其他 Mod推荐的观众"……如果你能够注意到某些用户对其他用户有帮助,并经常出现在你的流媒体中,则应与他们讨论 Modding(译者注:Modding,一种俚语表达,源于英语动词"修改"。这里指的是对硬件、软件或其他任何东西的修改,以执行设计者最初没想到的功能,或实现定制的规格或外观),看看他们是否愿意提供帮助。

这些广播者与审查人之间的关系和开源开发者的行为类似。JavaScript 库jQuery 的创建者约翰·雷西格(John Resig)坦言:

> 我带入 jQuery 项目的第一个人并不是另一个帮助贡献的开发者,而是一个来帮助管理我们的社区的人。因为我们收到的反馈很多,所以出现了很多 issues,也有很多人在使用我们的项目,所以我们需要一种跟踪所有这些问题的方法,并确保能够听到大家的声音。因此,委派某些职责意味着我可以花更多时间专注于编写代码。[298]

用户支持

即使拥有世界上所有的资源,像 Google、Apple 和 Facebook 这样的公司也无法独自承担用户支持的成本。相反,他们依靠公共支持论坛。

不太成功的支持论坛就像是鬼城,那里的用户大声疾呼,希望有人关注。但是,当有足够多的人问问题和回答问题时,与官方支持团队相比,用户之间通常可以更好地互相帮助。

在开源领域中,维护者经常将用户支持问题推送到诸如 Stack Overflow 之类的论坛或诸如 Discord 或 Slack 之类的群聊中，用户可以在其中帮助回答彼此的问题。在 2018 年，我分析了 issues 数量最大的前一百个开源项目，发现 89％的人使用 GitHub Issue 以外的工具来管理他们的支持需求，平均每个项目使用两个额外渠道。最受欢迎的渠道是专用论坛（41％）和 Stack Overflow（38％），其次是 IRC（22％）、Gitter（20％）和邮件列表（18％）。[299]

这些支持渠道通常由用户驱动，这些用户像社区版主一样，通过帮助他人获得满足感，有时还获得声誉收益。他们倾向于像卫星一样运作，远离核心开发者聚集的 GitHub 仓库，但是他们仍然减轻了维护者们不得不做的支持工作量。

在实施用户对用户系统和自动化系统时，总会涉及一些协调工作来建立和管理这些系统。协调性需求一部分可以用算法或积极的用户来解决，但始终需要一定程度的人为参与，哪怕只是审查上诉和仲裁。但是，实施和管理这些系统的成本通常远低于维护者自行完成所有工作的成本。

迎合需求：增加可用的注意力

即使降低了成本，限制了可用的注意力，并在用户之间分配了成本，可能仍有一些工作留给维护者去做。在没有钱的情况下，理想的情况是，维护者有动力去做这些工作，或者，至少，所需的额外努力少于或等于他们得到的好处。

再者，内容审核是不能通过自动化降低所有成本或减轻用户负担的一个例子。即使采用了上述策略，像 Facebook 这样的公司仍然花钱聘用团队对有争议的内容进行整理。莎拉·T. 罗伯茨（Sarah T. Roberts）在她的《屏幕背后：社交媒体的阴影下的内容审核》中引用了不知名科技公司的匿名内容审核者马克斯·布林（Max Breen）的话，他指出，即使在人类管理者中，这种工作也是极其不可替代的："我认为'外包'行不通，因为……当你试图实施一项基于'西方'文化的政策时，文化是如此的不同。"[300] 布林继续说道："我来这之前，他们就尝试将其外包给印度，这是一场灾难，因此他们取消了外包，并说我们必须在内部完成所有工作。"

如果维护者想增加某个项目的可用注意力，他们可以引入更多活跃的贡献者，或者想办法增加个人在项目上花费的精力（例如，通过筹募，或要求在工作中投入更多时间）。

研究员谭鑫(Xin Tan)研究了 Linux 的 i1915 子系统中"多提交人模式"的影响,发现如果有"有能力的候选提交人",维护者和提交人相互信任,以及"确保补丁质量的机制",那么将提交权限给其他普通贡献者的维护者能够大大减少工作量。[301]在一个案例中,一个单独负责 90% 工作量的维护者,通过将提交权分配给其他人,可以将他们的工作量减少到原有的 30%。

维护者也可以通过要求贡献者先在自己的"分支"工作来管理新的、重要的贡献。一个大项目的主要功能模块往往是这样运作的:开发者将一个新的想法作为一个完全独立的项目进行开发,与维护者保持沟通,直到它准备好被合并到核心项目。通过这种方式,有希望但昂贵的贡献可以被消除风险,而不会占用公共资源的注意力。

Django 的开发者创建了一个官方项目计划,在正式引入 Django 之前孵化大量的新想法:

> 随着……越来越多的项目围绕着核心库展开,这些项目对 Django 社区和任务来说是非常重要的,即希望通过使用可选的或额外的代码来防止扩大 Django 主仓库的规模,显然需要有"官方"Django 计划存在于核心库之外,这也仍然是 Django 组织和管理结构的一部分。[302]

维护者是增加自己的可用注意力,还是增加贡献者的数量,以及他们是否能够采用任何一种方案,取决于项目。如第 1 章所述,有许多因素会影响项目是否可以吸引更多的贡献者。项目的范围、成熟度、依赖性和可替代性也影响维护者是否可以吸引足够的资源来增加对项目的关注。

这些选项也不是互斥的。一个贡献者的增长率较低的项目的维护者,尽管没有建立大型的贡献者社区,但也许只要找到一个尽心尽力的贡献者,一切都可以变得与众不同。有时,一个不太受欢迎的项目可以更容易找到这样的人,因为他们对项目的亲和力更强。

对于想要积极扩大其贡献者基础的项目,维护者将投入更多的资金来建立品牌和社区意识,采取措施。例如在会议上发言,鼓励开发者对话以及保持活跃的在线状态等。他们可能会采取宽松的贡献政策，默认接受新的贡献，或者更自由地给予提交权限。

相反，在贡献者增长很高的项目中，单个开发者可能会发现增加自己在项目上的投入时间会更容易。例如，Linux 内核的 92.3％的贡献者背后是有雇主的支持的。Linux 基金会是这么解释的："开发者供不应求，因此任何有能力将代码合入主线的人都不会在寻找工作机会时遇到麻烦。"[303]

体育场类型项目的维护者可以采取类似的策略，无论是获得专门的雇主时间或合同工作、直接从项目中获利还是从赞助商那里筹集资金。较小的项目往往更难，因为它们没有得到很好的认可，但有时它也会得到类似的支持。

Babel 的维护者亨利·朱从其东家 Behance 获得了时间从事该项目，然后离开了他的日常工作以从赞助商那里筹集资金，全职从事开源项目。[304]cURL 的维护者丹尼尔·斯坦伯格（Daniel Stenberg）认为他的前东家 Mozilla 是"cURL 项目的主要赞助商，因为他们同意我将一些工作时间花在 cURL 上"。‡[305]他还称赞了他的后任东家 wolfSSL，后者雇用了他从事 cURL 的工作，包括为该项目建立商业支持服务的渠道。[306]

金钱在开源中的作用

几年前，当我第一次开始探索这个领域时，我有一个假设，即开源维护者相对于他们提供的价值来说，是没有获得足够的资源的。[307]在发表了我最初的一套研究后，我听到了成千上万的人分享有关如何支付维护者的一些想法，这些想法有些是可实现的，有些很古怪。在这一过程中，我一直为对话的零散性感到沮丧。

对于谁在从事这项工作，他们为什么进行这项工作以及需要完成哪些工作，我们仍未达成共识。只有了解了当今开源的基本行为动态，以及它与早期起源的不同之处，我们才能弄清楚钱的作用。否则，我们只是将湿纸巾扔到砖墙上，希望它会被粘住。（比喻不能成功）

我希望能有更好的关于金钱和开源的对话，这些对话是基于开发者的实际工作，而不是我们希望、或想要、或认为他们去做什么。我同样厌倦了听到"让我们向所有的维护者付费"和"向维护者付费会破坏开源"。对于金钱与开源的结合点,没有简单的答案。要知道钱在什么地方适用或不适用,需要了解有关的项目:哪些杠杆可以拉动,以及这些杠杆是什么。

这里没有一个万能的解决方案,因为开源已经成熟到一定程度,尽管它的发行许可证已经标准化,但我们再也无法讲述其生产方式的统一故事了。有时候,维护者之所以找不到资金不是因为他们的用户吝啬和忘恩负义,也不是因为这个世界很残酷,而是因为那个人害羞,不愿推销自己;也可能是他们很难和别人合作,或用户实际上并不信任他们。如前几章所述,项目的价值因其依赖性和可替代性以及维护者的声誉而有很大差异。有些开源项目可以获得风险支持,而有些则没有商业价值。每个维护者的故事都利用了一组类似的变量,但它们都被设定为不同的值。

既然如此,如果我在结束本书时没有明确讨论金钱在开源中的地位,那就是我的失职。因此,根据到目前为止我们所谈及的内容,让我们开始进入这一部分的讨论吧。

接下来的讨论并不是一个关于资金的实用指南,也不是对项目获得资金的所有不同方式的详尽描述,更不是对今天的资金状况的分析。我感兴趣的不是对现在正在发生的事情进行编目,而是在对开源的生产和维护方式有了更深入的了解后,可能或应该发生什么。

我的目标是缩小讨论范围,并专注于基本面。谁是开源的潜在资助者?他们为什么要为一些东西付费?他们在为什么付费?一个开源的开发者在哪些可能场景下可以收费?

为了回答这些问题,我们需要将注意力放回到货币的生产流通上。从历史上看,生产者向客户收费,向客户提供内容。但是今天,生产者可以使内容免费获取,而对"写入权限"收费,也就是说,能够从生产者那里获得注意力。

内在动机可以引起更多关注,但内在动机也可以吸引金钱或名誉。但是,将金钱、声誉或内在动机分配到错误的地方可能适得其反。

在本章中,我们将开源软件的生产视为一种公共资源,维护者的注意力既是非排他性的(任何人都可以出价购买他们的注意力),又是竞争性的(占用他们的注意力会减少可用的总量)。

维护者可以通过收取使用费来使他们的注意力具有排他性，这就使其成为一种私人物品。有偿支持、赞助和赏金（指对某些任务或贡献的有偿奖励）都是维护者为其注意力定价的例子。通过使注意力具有排他性，贡献者和用户竞争维护者的注意力，贡献的质量就会提高。

谁向开源开发者捐款，为什么

有两种关心开源的资助者：机构（通常是公司，但也有政府和大学）和个人（通常是作为直接用户的开发者）。

在开源开发者中流行的观点是，公司应该承担开发的费用，因为他们拥有最多的资源。虽然这可能是真的，但根据我们目前谈论开源的方式，我的观点是，选择正确的资金来源取决于价值主张。在本节中，我也将试着解释开源项目如何能够成功地从单个开发者那里筹集资金。

公司喜欢资助什么

公司对作为"产品"或商品的开源代码本身最感兴趣。因此，公司倾向于重视诸如代码质量、影响项目路线图和品牌关联之类的收益。

"代码质量"包括代码安全性、可靠性和定期发布之类的内容。换句话说，公司为安心而付费。他们想知道他们使用的代码不会崩溃，也不会在一夜之间发生可怕的或意外的事情。

cURL 维护者丹尼尔·斯坦伯格曾被一家公司联系寻求帮助，他们在一个使用了 cURL 的固件的升级过程中遇到问题。斯坦伯格在一次采访中回忆说："我不得不解释说，我不能在短时间内到另一个国家去帮助他们解决这个问题……因为我在业余时间从事 cURL 的工作，并且有一份全职工作。"[308] 他改为派一个朋友飞出去。（这类请求与 Microsoft 等公司提供的"按事件付费"模型不同，在该模型中，客户为每次事件支付固定费用以获取即时技术支持[309]）

在商业模式方面，对代码质量的渴望往往表现为为支持服务或服务水平协议（SLA）付费。Tidelift 是一家与开源项目合作的公司，为企业客户对于开源软件的依赖提供商业支持，并为此而收费。

双重许可和"Open Core"模型（类似于免费增值模型，在该模型中，除一个关键部分外，大多数代码都是自由许可的）也可以理解为对代码本身收费的方法。

Oni 是一个文本编辑器,它的开发者,决定用"时间延迟"的方式为新版本的编辑器 Onivim 2 提供其代码的双重许可。它的代码有一个专有许可证,商业使用需要购买,但每一个提交在 18 个月后转换为开源代码,使用 MIT 许可证。通过这种方式,Onivim 2 的开发者可以为项目的旧版本赋予自由许可证,而对最新的、最理想的代码版本的访问收费。

为代码质量付费通常对于非弹性产品更有效,因为该项目几乎没有替代品。如果一个项目具有很高的可替代性,那么假设转换成本不是很高昂的话,公司更有可能会选择其他类似的替代品。

虽然特定的开发者可能有能力维护代码,但最终是公司为代码质量买单。这使得为特定个人提供资金变得更加困难。有时,如果公司认为这样做更划算,他们会保留自己的私有分支,而不是向上游提交贡献。或者,他们将雇用或转移自己的员工来为项目做贡献,而不是雇用或支付特定的外部贡献者。

公司也会为他们关心的项目的影响力和访问权付费。公司可能很难吸引项目维护者的注意;当 issue 和 PR 得不到回应时,他们会感到很沮丧。

有时,这种缺乏关注是故意的。并非所有的维护者都想迎合企业用户的要求,尤其是当他们的工作是无偿的。我曾听一些大公司的工程师说过,他们通过非工作邮箱来"洗"掉他们的 PR 与公司的联系,因为与他们的雇主有关联会使他们的贡献更难被接受。

就商业模式而言,这种价值主张转化为与项目维护者的直接联系,无论是优先关注公司的 issue 和 PR,还是能够提出问题并让维护者带领公司的工程团队完成某些产品决策。这些关系通常不会被广泛宣传。作为赞助的一项福利,一个受欢迎的项目会有固定的"办公时间",提供与那些高额赞助者进行深入交流。另一位知名的维护者(他要求我不公开他名字)悄悄地为他的开源项目提供企业支持;他的小时费转化为一份舒适的薪水。就像一个湖泊需要从渔业部门获得有偿许可证以减少过度捕捞一样,一个开源项目可以要求企业付费来"适当"关注该项目的开发者。

支付维护者的费用也可以转化为全职雇佣。雇用开源维护者的公司是在为一个能直接影响项目的人的有保证的、持续的关系付费。

根据不同的安排,为使用权付费可能会引起治理问题,因为贡献者可以通过付费的方式进入项目，而不是通过他们所做的工作赢得影响力。例如，一些开源项目是由软件基金会管理的，企业利益相关者支付年费以获得董事会的代表权（也称为"付费模式"）。这些关系似乎特别困扰着较大的、联邦式的项目。

一些基金会采取了明确的措施来打击这种行为。比如 Apache 基金会具有特殊的结构，因此个人仅代表自己，而不代表其雇主。[310]

最后，公司还为与项目的品牌关联度付费，以在客户中产生积极的品牌知名度或吸引高质量的工程人才。就商业模式而言，这种价值主张往往以赞助和广告的形式体现出来。

在开源领域，广告是一个极具争议的话题，甚至比在普通公众领域更有争议。开发者重视他们的隐私、整洁的用户体验以及代码所提供的"安静空间"。尽管如此，数字表明还有可挖掘的潜力，只要有人能找到一种不会惹怒志趣相投的朋友的方法。埃里克·贝瑞（Eric Berry）于 2017 年创立了一家开源广告公司 CodeFund，在四个月内收入超过 24 000 美元。然后 GitHub 介入，禁止 CodeFund 在 README 上放置广告，因为这违反了平台的服务条款。[311]

两年后，费罗斯·阿布哈迪耶对他的一个项目 StandardJS 进行了一项实验，在该项目中他在控制台上展示了一个广告，解释说：

> 最常见的筹资模式——捐赠、README 赞助或有偿咨询，仅在维护者可以在用户面前吸引他们时才起作用。这通常在自述文件或网站上进行。
>
> 但是可靠的、无错误的传递依赖是看不见的。因此，维护者也是不可见的。而且，这些维护者做得越好，他们就越不可见……
>
> 也许广告不是答案，好吧。但是，告诉维护者将他们的诉求埋葬在没有人打扰的地方也不是答案。[312]

虽然阿布哈迪耶收到了大量的投诉，但他也获得了相当多的公众支持，这表明开发者正变得更容易接受维护者通过广告筹集资金，即使他们还没有就如何达到目的达成共识。

通过赞助商进行品牌关联往往会吸引规模较小的公司,例如其业务依赖特定开源项目的咨询公司,以及可能拥有财务资源但缺乏品牌来吸引工程师的较大公司。

Trivago 是一家旅行公司,于 2017 年开始赞助 Webpack。经过两年的赞助,Trivago 的前端工程负责人帕特里克·戈特哈特(Patrick Gotthardt)总结了这一经历:

> 所有您给予我们的公众知名度导致了这样一种情况:我们突然变成了 JasvaScript 开发者工作最有趣的公司之一。
>
> 我们已经聘请了很多非常优秀的工程师,他们在工作面试中提到,我们为 Webpack 的赞助是他们申请该职位的主要动机之一。[313]

就像所有的赞助一样,要定义这些机会的 ROI(投资回报率),可能是很困难的。与为代码安全或可靠性付费相比,一个公司为品牌赞助付费通常有一个上限,而且这些公司更有可能随着时间的推移而流失。

个人开发者喜欢资助什么

公司通常对项目的源代码感兴趣,而不是对开发者的贡献代码感兴趣。从这个角度来看,单个开发者显然不能很好地支持开源项目。一个单独的开发者每月可能会花费五到十美元来支持他们喜欢的项目,而一家公司却可以轻松地花费数千美元。(阿布哈迪耶回想了一下,在一次开源会议上,他问公司代表他们为展位支付了多少:"他们不确定是 10 000 美元还是 20 000 美元。"[314])为此,开源开发者有时会为经常性资助者提供两种月度级别,这显然是针对不同的受众群体:对于个人而言,成本约为 10 美元或更少;而对于公司而言,成本约为 500 美元或更高。

在这里,我们很容易愤世嫉俗地安于现状,并得出结论:个人开发者永远无法像公司那样为项目提供资金。但在政治上却有相反的论点。在政治上,由基层捐款资助其竞选的政治家通常比由企业捐款资助的政治家更受公众欢迎。我不确定开源有什么不同。

虽然大多数开源开发者还没有能力做出这些决定，但从长远来看，使用一个由社区支持的项目，而不是一个由单一大公司资助的项目，似乎更有吸引力。CHAOSS，一个专注于社区健康指标的 Linux 基金会项目，将此称为"大象因素"：衡量一个项目对一小部分企业贡献者的依赖程度。[315]

创作 Vue.js 的尤雨溪指出，Vue 经常被用来与其他公司支持的前端框架（例如 Angular 或 React）进行比较，后者的用户表示"只是使用大公司支持的东西会感到更自在"：

> 对此，我通常会问他们："你认为一个开源项目得到一个大公司的支持究竟意味着什么？"他们会说："哦，它更稳定。"你知道的，因为公司依赖它，这个项目不会突然死亡……
>
> ……关于公司支持的开源项目，在很多情况下……他们想让它成为某个行业的一种开放标准，或者有时他们只是把它开源，作为某种宣传的改进，以帮助招聘……如果这个项目不再为这个目的服务，那么大多数公司可能会直接砍掉它，或者（换句话说）只是把它交给社区，让社区来驱动它。[316]

反对向个人开发者提供资金的一个常见论点是，无论意图如何，外面的钱根本不足以维持一个核心开发者的工资。考虑到软件开发者的工资一般都很高，这也是一个令人惊讶的论断。如果政治家可以靠中产阶级公民的个人捐款来资助整个竞选活动，那么一个开源项目可以从软件开发者那里筹集资金的想法——特别是考虑到一个项目可能被成千上万的人所依赖——似乎并不需要一个信仰的飞跃。

为直播流媒体提供工具，包括小费功能在内的 Streamlabs 报告称，2018 年第一季度支付给 Twitch 直播者的小费为 3 470 万美元。[317]这只是 Twitch 产生的价值的一部分，Twitch 在 2014 年被亚马逊以 9.7 亿美元收购，[318]其直播者通过捐赠、广告、赞助和订阅的混合方式赚钱。这是一个人们花钱看别人玩游戏的平台。十年前，大多数人都会认为这种想法是可笑的。今天，流媒体被认为是一个有吸引力、有利可图的行业。

现在,开源订阅和赞助的市场很小,因为它是新的,也因为这种支持的论点主要是基于"应该"而不是"必须"。无论是公司还是个人开发者,都有一种基于"公平"或利他主义的诱惑:"我们都从这个项目中受益,所以我们应该给予回报。"虽然这是每月捐赠五美元或十美元的合法理由,但公司和个人出于利他主义而将他们的美元数额延伸到什么程度是有限度的。

呼吁善意会导致 Homebrew 的主要开发者迈克·麦奎德所说的"贴纸钱"问题:有足够的钱来支付市场宣传品,如贴纸,这些都是开发者热衷的,但没有足够的钱来辞去工作,全职从事开源工作。我更希望我们放弃这种围绕为什么我们"应该"资助开源的思路,而把重点放在寻找为什么个人开发者可能很乐于在开源上砸钱直到他们破产的原因。

但是,与公司不同,个体开发者似乎更有可能不直接为开源代码付费,而是为代码背后的人员提供赞助:这是维护者声誉的功能,而不是项目的依存关系。

长期而言,如果单个维护者没有退出他们的项目(今天通常会发生这种情况),则他们需要其他奖励以使正在进行的维护值得做下去。内容创作者的典型奖励是获得声誉,他们可以将其转化为注意力(意思是受众)。如果创作者想继续创造东西,他们就会找到将注意力转化为金钱的方法。

赞助是当今网络创作者的新兴资金系统,但人们经常将其与"捐赠"的概念混为一谈。赞助人并不是出于利他主义,而是基于创作者当前的声誉,对其未来作品的兴趣。它更像是订阅而不是捐赠。那么,当一个人赞助一个开源开发者时,理想情况下,他们不是为了代码付钱,而是为了与编写代码的人更亲近。

本·汤普森认为订阅可能成为本地新闻的未来,他将订阅定义如下:

> 首先,这不是捐赠:它是在要求客户为某种产品付费。那么,产品是什么?实际上,它不是任何一篇文章(对小额交易的错误关注忽略了这一点)。更确切地说,订阅者要为定期交付一个明确定义的价值付费。
>
> 这些词中的每一个都是有意义的:
>
> - 付费:订阅是对内容生产的持续承诺,而不是一次性吸引眼球的内容。

- 定期交付：订阅者不需要依赖于内容的随机发现；上述内容可被直接发送给订阅者，不管是通过电子邮件、书签，还是一个应用程序。
- 明确定义的价值：订阅者需要知道他们为了什么支付费用，并且需要物有所值。[319]

汤普森指出，订阅只有在内容有所不同时才起作用："毕竟，在互联网上找到要阅读的内容并不难：人们所要支付的是关于他们所关心事物的优质内容。"但是，"谁"来提供内容本身就是一种差异化。

订阅特别适合通过"定期交付明确定义的价值"获利。因为订阅是经常性的，所以它们有助于解决以前的融资模式的缺点。长期以来，专利和特许权使用费一直在激励人们创造知识产权，但是知识产权就是"财产"，即你拥有和交易的静态商品。

相比之下，基于声誉的资金有助于激励正在进行的创作，因为声誉是根据过去和未来的期望来衡量的。正如作家蒂亚戈·福特（Tiago Forte）所说："人们所支付的不是一堆文字。他们为作家带给这个主题的观点付费。"[320]

现在，除了被公司全职聘用之外，著名的开源开发者还没有一个很好的方法来使他们的声誉货币化。丹·阿布拉莫夫（Dan Abramov），React 的维护者，作为 Redux 的作者建立了自己的声誉。Redux 是开发 JavaScript 应用程序的工具，经常与 React 一起使用。Redux 的开发部分是通过 Patreon 资助的。阿布拉莫夫的项目吸引了 Facebook-React 最重要的企业维护者的注意，他于 2015 年加入了该公司。

虽然阿布拉莫夫是一个成功的例子，但考虑到今天独立创作者的蓬勃复兴，认为开源开发者的最佳结果是企业"acqui-hire"（创业公司中使用的术语，即员工被其他公司收购，而不是创业公司本身被其他公司收购）的想法，我觉得是一个次优的方法。

我们能否想象，告诉因在 Twitch 上直播自己玩《堡垒之夜大逃杀》（Fortnite Battle Royale）而成名的特纳·滕尼（Tfue），他最有希望的是被 ESPN 聘用；或者告诉在 YouTube 和 Instagram 上发布化妆教程和时尚照片而建立起自己知名度的卡米拉·科埃略(Camila Coelho),她应该尝试在 Vogue 找到一份工作?虽然这些结果并不坏,但如果把"被某个地方雇用"当作可能的上限,今天的网络创作者世界就会变得不那么有趣。开源又有什么不同呢?

许多受欢迎的创作者通过在有自己的社会经济地位的平台上进行交易来赚钱。尤金·魏(Eugene Wei)称这为"地位即服务"(Status as a Service, StaaS):

> 许多最大的科技公司在某种程度上是以地位为服务的企业,这一点不常被讨论。大多数人不愿意承认被地位所驱使,很少有首席执行官会承认他们公司要做的工作是抚慰人们的自尊心……
>
> ……解决方案……并不在于忽视人类有追求社会资本的天性。事实上,对人性这一基本方面的忽略,可以说让我们在这个社交网络巨头的第一个时代结束时来到了这里,又好奇这一切在哪里出了岔子。如果我们认为这些网络只是信息交易而不是地位交易的市场,那么我们就只看到了机器的一部分。[321]

Twitch、Instagram、YouTube、Twitter 和 Facebook 都是基于状态的平台。谁为开发者提供身份服务?

学术系统为我们提供了封闭式信誉经济如何运作的蓝图。研究人员撰写和发表论文,这些论文获得了其他研究人员的引用。从理论上讲,这些论文为作者赢得了更多的谈判能力,并最终使他们获得终身职位。但是学术界未能为开源开发者创造相应的回报。

费尔南多·佩雷斯(Fernando Pérez)是 Jupyter 的作者。Jupyter 是一套用于交互式计算的开源工具和服务,被世界各地的研究人员和公司使用。可以说,这是当今发行的最具影响力的科学软件之一。然而,受过训练的物理学家佩雷斯多年来一直难以找到终身任职的学术职位。

同样,Matplotlib(一种用于 Python 的数据绘图工具)的主要开发者汤姆·卡斯威尔(Tom Caswell)和 scikit-learn(一种用于 Python 的机器学习库)的核心开发者安德烈亚斯·穆勒(Andreas Müller)都拥有博士学位,但却受聘于非终身制的职位。在研究相关领域的开发者中，有一种感觉，即尽管编写开源软件可以有其他好处，但它并不适合学术声誉体系。编写有大量用户的开源软件并不像发表有大量引用的论文那样可以赢得那么多的声望。

GitHub 似乎是一个建立和扩大开发者地位的明显场所。但是，尽管 GitHub 让展示自己的身份变得比以往任何时候都容易，但与其他社交平台相比，GitHub 还远远落后。

要从 GitHub 的简介中了解一个开发者是谁，或者他们在做什么，仍然不容易。简介页面突出了代码活动，但它们错过了突出教育内容、回答问题、甚至与开发者有关的项目的机会——所有这些都是开发者建立自己声誉的重要途径。

在 GitHub 上，关注一个开源开发者并不是一个特别有意义的行为，尽管成千上万的用户都在这样做。当我问开发者为什么要关注 GitHub 上的其他开发者时，他们提到了对技术的尊重：不管是有经验的还是刚刚学习新技能的，他们都想看看最好的人是如何做到的。[322]

开发者们已经能认出彼此的身份，但很难看出这种行为如何转化到 GitHub 的平台上。关注一个开发者或一个项目的活动会产生一个繁杂的 star 和 commit 流，就像 Facebook 以非算法方式向你展示每个朋友的活动一样。包括肯特·C. 多兹和苏兹·欣顿（Suz Hinton）在内的知名开发者已经通过视频和现场编码为自己赢得了声誉，但你不会从他们的 GitHub 档案中知道。

也许正是在这里，我们发现了从"开源开发者"到"GitHub 开发者"的代际过渡中最有趣的地方。今天一些最知名的开发者甚至不一定是活跃的开源贡献者——向开源项目提交代码的人——而是教育家、演讲者、流媒体人，或者只是公众。

卡西迪·威廉姆斯（Cassidy Williams）是一位教授他人 React 开发的软件工程师。她还撰写每周新闻，在 Twitch 上直播代码，在 Patreon 上有一个托管在聊天应用 Discord 上的私人频道，在网络学习平台 Udemy 和 Skillshare 上提供课程，在社交视频应用 TikTok 上发布病毒般的 15 秒视频并在 Twitter 上向她的近 90 000 个关注者发布。与 GitHub 相比，没有其他社交平台与开发者的关系更为突出。然而，威廉姆斯的 GitHub 个人资料几乎没有透露任何关于她的信息，而她一定在某些方面广受欢迎，毕竟她有数千名关注者。威廉姆斯并不是在 GitHub 上,而是在围绕 GitHub 的所有其他平台上建立自己的声誉。

尤金·魏观察到,公司提供的价值是"效用"和"社会资本",他指出:"一些公司设法为网络创造效用,但从未成功建立任何真正的社会资本(或甚至懒得尝试)。"[323]GitHub 可能是这种结果的一个教科书般的例子。

与其他许多开发者一样,威廉姆斯的声誉仍然建立在开源生态系统的基础上。她教授的技术 React 是一个开源项目。但是"开源开发者"的称呼并没有完全覆盖她所做的工作。

如果不是"开源开发者",那么我们怎么称呼这些开发者,以及如何协调他们与开源的关系? 一种假设是,"开源"与"在公共场所进行代码处理"很快变得难以区分。将这些人联系在一起的故事是,有创意的开发者以他们制作并与观众共享的东西而闻名,无论是代码、视频、课程,还是新闻通讯。

建立公众声誉通常需要做一些可见的事情,这就是为什么最早的实验似乎偏向 JavaScript 的原因。JavaScript 的开发者似乎比其他不那么可见的编程生态系统的开发者吸引了更多的社会追随者。不过,也有一些很有希望的例子,开发者找到了在 JavaScript 之外的开源项目上赚钱的方法。例如,乔恩·金塞特(Jon Gjengset)有一个针对中级程序员的 Rust 现场编码节目,很受欢迎。为了满足观众的需求,金塞特建立了一个 Patreon 来支持他的工作,但后来由于他在美国的学生签证身份,他不得不暂停这个项目。[324]

Twitch 通过附加状态使在线游戏在经济上是可行的。GitHub 有潜力为开发者做同样的事情,但它还没有。这可能是因为我们仍然坚持强调开源的合作方面,而不是任何一个开发者的成就,尽管现在很多人似乎认为大部分开源是由单个开发者编写和维护的说法是没有争议的。

就连宣扬集市理念的埃里克·S. 雷蒙德也在 2019 年的一篇博文中承认,存在着他所谓的"承受负荷的互联网人",即"为关键的互联网服务或图书馆维护软件的人,而且他们必须在没有组织支持或预算支持的情况下完成这项工作"。[325]雷蒙德鼓励他的读者分配预算来资助这些开发者。

在今天的世界里,社会地位的提高是制造东西的预期回报。这是平台激励创造者继续发布东西的方式,远超了最初的阶段。开源开发者的价值长期被低估,因为与其他创作者不同,他们被绑在一个平台上,而这个平台并不能让他们实现自己作品的价值。与其在后台默默地运作，开源开发者应该再次走到前台。

钱去哪里

鉴于开源项目并不真正由任何人"拥有"，通常缺乏一个法律实体，并且由多人开发，所有这些人可能生活在不同的国家，甚至可能从未见过彼此……那么筹款究竟从何而来，筹款机制如何形成？

在这一节中，我们将探讨如何对资助机会进行优先排序，是支持项目还是支持个人贡献者，以及资助哪些类型的贡献者。

哪些机会优先

即使资助者接受将资金分配给开源的想法，他们也会很快被机会淹没："但是那里有很多项目！"仅仅依赖项检查就会引入数百个开源项目。无论机构还是个人，出资者如何知道将精力集中在哪里？

以一种奇怪的方式，开源的普遍性既是其最大的资产，也是其最大的挑战。开源对我们的日常生活至关重要，几乎不可能知道从哪里开始，或者任何人的行为是否会有所作为。npm 的前首席技术官劳里·沃斯（Laurie Voss）在一条推文中哀叹在筹款时这个问题是如何产生的：

> 很难向 VC 解释 npm 在生态系统中的地位。"那么，财富 500 强公司中有多大比例使用 npm？""100％！""哈哈，真的吗？""真的。""你们专注于哪些行业？""每个有网站的公司。""这不是每个公司吗？""没错。"[326]

当面对如此巨大的机会时，解释意义的方法是定位到我们切身的利益。我们不能为每个无家可归者的饭菜付钱，但是更容易提出这样的论点，即我们应该偶尔为每天见到的那个无家可归者买午餐。我们可能不在乎一个中途路过的城市的垃圾、空气污染或安全，但我们确实在乎所处街道的安全和整洁。

在审查开放源代码的融资机会时，奥斯特罗姆寻求"高背景，低折现率"机会的原则对我们来说很合适。为他们使用的每个开源项目提供资金不是公司或个人的工作，但有些项目对某些资助者来说比其他项目更有意义，而这些是最好的机会。

一个开发者每天可能依赖成千上万个开源项目来完成他们的工作，而不是亲自为每个人的工作提供报酬，这是可以的（尽管令人难以置信）。但是，如果有一个他们喜欢的特殊项目，那就是他们应该投入的项目。同样，开源开发者的工作是使自己成为针对特定目标资助者的首要目标，而不是沸腾整片海洋（即"使用我的软件的每个人都应该为我的工作付费"）。

这个论点的关键在于从丰富而非稀缺的角度来处理资金问题。总会有一群忠实的追随者，只要他们与某个特定的机会有点关系，就会兴奋地支持它。这在当今世界尤其如此，创作者可以吸引数以百万计的粉丝，而无需在国内或国际上出名。曾经，每个人都聚集在同一组模因周围，而现在，每天都有无数的网络名人被授予爵位。

在 2008 年首次发表的一篇博文《1000 个真正的粉丝》中，作家凯文·凯利指出了小型狂热观众的价值，这篇文章现在已经成为互联网典范的一部分。在这篇文章的一个更新版本中，他写道：

> 要成为一个成功的创造者，你不需要数百万这个数字。你不需要数百万美元、数百万的消费者、数百万的客户或数百万的粉丝。作为手工艺人、摄影师、音乐家、设计师、作家、动画师、应用程序制作者、企业家或发明家，你只需要成千上万的忠实粉丝。
>
> 真正的粉丝是指会购买你生产的任何产品的粉丝。[327]

虽然我们可能会争论创作者应该接触到的粉丝的确切数量，但凯利的帖子的精神仍然有效。即使一个开源项目被互联网上 100％的网站使用，具有讽刺意味的是，更难的部分是为 1000 人创造足够的意义：变得足够明显，使他们关心你和你的项目发生了什么，而不是任何其他的机会。

蒂亚戈·福特在反思他从公共内容转到付费墙保护内容的经验时说：

> 在我切换后，博客的体验发生了巨大的变化。我的文章从成千上万的

观点发展到数百,但读者的素质却突飞猛进。我找到了我的部落。随意的路人留下空洞的评论的喧闹声渐渐消失了,我们开始就表达新的工作视野需要做什么进行真正的对话。我开始向他们学习很多东西,就像他们向我学习那样。我的博客读者群体从大量随意浏览者,变成了一小群预先承诺尝试新事物的更亲密的人。[328]

谁获得资金

将金钱和开源混合在一起的行为经常会引起以下的担忧:"金钱奖励不会对开发者的贡献动机产生不利影响吗?"是的,但这取决于你在资助谁。§

资助偶然的贡献就像付钱给那些在创作者的作品上留下评论的人。这是毫无意义的,因为这些贡献者已经有了参与的动力。更重要的是,维护者已经在临时贡献中肆意邀游了。

我们不会通过让更多人更容易向我们发送电子邮件来解决电子邮件过多的问题,也不会通过花钱鼓励更多人开车过桥来治理交通堵塞,要做的应该是增加过路费。在这两种情况下,我们都希望增加流程的摩擦力,以便仅过滤最重要的请求。如果可以的话,应该由临时供款人支付维护者的费用,而不是相反。

每次临时贡献都会给维护者带来边际成本,因为他们需要审查并决定是否合并。这就是为什么像 Hacktoberfest 这样的贡献者计划尽管解决了其他问题(例如使新来者对开源减少害怕),却无法解决持续的维护成本的原因。

Hacktoberfest 是一项由云基础架构提供商 DigitalOcean 和开发者社区 DEV 赞助的计划(GitHub 是前几年的赞助商)。在 10 月份,向开放源代码项目提出 5 个 PR 的任何人都有资格获得一件免费的 T 恤。[329]这是鼓励新人尝试做出自己的第一次贡献的好方法。但这无助于支持开源项目的维护,因为随意的贡献已经非常多了。增加一个外在的奖励只会鼓励人们做出垃圾的、低质量的贡献来索取奖励(如果你认为这不会导致垃圾邮件,请相信我,为了一件免费的 T 恤,开发者会做什么,真是不可思议)。¶

同样,赏金计划不适用于所有贡献,因为赏金是基于提交量而不是基于贡献者的声誉。为每项贡献付费并不有效,因为不是每项贡献都需要付费。正如开发者拉尔夫·戈默斯（Ralf Gommers）所建议的，"为那些需要钱（如开发会议）或不能免费完成的事情付费"。[331]

如果任务是由维护者自己审核的，而且他们资助的是范围明确的、有限的、专业的或难以吸引人才的任务，如设计工作或数据库迁移，赏金就会很有效。例如，安全赏金的效果很好，因为它可以吸引更多具有专业技能的开发者，鼓励他们解决项目维护者可能无法独立完成的一次性任务。对于安全相关的问题，如果参与的开发者不熟悉代码库，那就更好了，因为他们带来了一套全新的视角。

众筹活动也可以很好地发挥作用，因为像赏金一样，它们为大型项目提供资金，而这些项目所需的时间通常要比捐款更多。Font Awesome 开展了一项 Kickstarter 活动，以资助 Font Awesome 5 的开发，这是他们的图标集的一次重大更新，并筹集了超过 100 万美元的资金。[332]Linux 内核开发者肯特·欧弗斯特里特（Kent Overstreet）成立了 Patreon，以资助他在 bcachefs 上的工作"下一代 Linux 文件系统"。[333]

有很多动机，包括内在的和外在的，已经为开源工作提供了动力；我们不应该干扰目前正在发挥作用的部分。相反，在那些没有任何其他动力的地方，例如软件维护的后期阶段，资金可以成为一种有用的动力。因为维护者比临时贡献者更熟悉项目，并负责完成大部分工作，所以资助他们的时间比资助其他人的时间更有意义。

维护 hapi. js 的伊兰·哈默（Eran Hammer）在 Patreon 页面上区分了维护者和贡献者的工作，他用这个页面来资助自己的时间：

> 维护 hapi 每个月大约需要 30—40 个小时。这包括阅读核心模块和它直接依赖的所有模块的每一个 issue，审查所有的 PR 和对这些模块的 commits，并回答复杂的问题……
>
> 虽然整个生态系统做得很好，有很多社区成员贡献他们的时间和资源，但核心模块却不同。在核心模块做出的决定会对社区产生过大的影响，也会使代码的健康和建立在其上的应用程序处于危险之中……
>
> 除非另有说明，这些资金将不会与其他 hapi 贡献者分享。我不希望

给人留下捐款就是赞助社区工作的印象。这些资金将直接归我所有，以支付我编写开源软件的费用。[335]

　　同样，Django 基金会没有资助新的贡献者，而是筹集资金创建了 Django Fellowship 计划。[336]蒂姆·格雷厄姆（Tim Graham），第一位 fellow，被雇佣来做 Django 管理方面的工作，包括补丁审查、问题分类和发布管理。据 Django 的核心开发者之一洛伊克·比斯图尔（Loïc Bistuer）说："Django 贡献者的流失率在历史上一直很高，而这个计划就是对此的直接回应。"[337]有了 Django fellow，第一次确保了 PR 得到及时审查，并确保发布按计划进行。在这种情况下，为 Django 贡献者没有动力去做的工作付费，对项目有很大的帮助。

资助人与项目

　　开源资助者的另一个问题是，是资助项目本身还是资助个人贡献者。资助项目可以建立机构记忆，并使资金管理更加透明；但资助个人可以提供更大的灵活性，并避免似乎与开源对立的集中管理的问题。哪个更好？

　　历史上，资金是针对项目的，501(c)基金会（即联邦政府承认的非营利组织）是为了支持大型整体项目的发展而成立的。基金会可以持有一个项目的商标和知识产权资产，它们也有助于将企业与开源项目的关系正式化。而资助个人主要是指公司雇用全职开发者为项目做贡献。

　　为项目提供资金需要开发者拥有法人实体来接受资金。也就是说，除非资金提供者愿意支付给单个开发者并希望他将这些资金分配给其他人，否则，为了接受作为组织的资金，项目必须从软件自由保护协会或 Linux Foundation 等伞式组织寻求财政资助，或者创建 501(c)(3)或 501(c)(6)基础。他们还需要定义治理流程，以管理谁获得报酬以及这笔钱带来什么样的期望。每个贡献者都应该得到报酬，还是仅仅是核心开发者？如果核心开发者不想得到报酬怎么办？地理位置、技能和个人环境的差异会影响开发者之间的支付吗？如果有人得到了报酬，但没有完成他们承诺的工作怎么办？

　　许多开发者不想管理这种程度的开销，而且随着开源项目变得越来越小、越来越轻，特别难以想象它们会被基金会管理。left-pad——这 17 行代码用来为你的文本进行右对齐的小软件——需要有自己的基金会吗？正是因为这个原因，前面提到的 Vue.js 用来收集资金的平台 Open Collective，提供了一种轻量级的方式来合法地接受、管理和支付资金。

今天，随着项目越来越小，创作者的名声越来越响亮，资助个人正成为一个更具吸引力的选择。许多开源项目不愿意成立 501(c)(3) 或 501(c)(6) 非营利性基金会，因为与今天的轻量级选择相比，这一步骤需要的官僚主义让他们望而却步。

从管理的角度来看，资助个人开发者更符合开源项目的分布式性质。对于一些开发者来说，这些项目不由正式组织管理这一事实是一个特性，而不是一个 bug。资助个人意味着资金可以来自多个来源，资助的决定是基于该特定个人的贡献，而且开发者可以加入或离开，而不会破坏整个项目。

资助个人可以减少集中项目资助所带来的一些担忧。与我交谈的一位维护者解释说，他的共同维护者住在一个与他生活水平不同的国家里。他不知道如何分配他们筹集到的资金，因为他们的工资是如此悬殊。另一位维护者对我表达了失望，因为项目的作者不再积极为项目做贡献，却从他们的项目中提取资金。他不确定自己的反应是否合理，因为开发者曾是项目的原始作者，可能应该得到奖励。

当每个人都负责筹集自己的资金来支持自己的工作时，就减少了项目开发者之间需要的协调。贡献者可以自由地来去，他们在如何资助自己的时间方面有更大的灵活性，无论是全职工作、筹集赞助，还是做志愿者。

另一方面，对个人的资助会带来一系列不同的管理挑战，维护者可能会发现他们在基于个人声誉的基础上有效地相互竞争资金。维护者也可能不同意另一个维护者筹集资金的决定，特别是在涉及利用项目的品牌来筹集资金的情况下。

有一个 Ruby 项目的维护者提议开展一项业务，为项目提供有偿支持。虽然他多年来做出了重大贡献，但其他维护者不认为他有权利将项目本身商业化，或者通过商业化来资助自己的开发工作。

有时，用户和贡献者会在维护者决定筹集资金时大吃一惊。例如，马特·霍尔特(Matt Holt)在为他的项目 Caddy 引入商业许可后，得到了负面的反馈，这使他很困惑地说道："我们预期像往常一样会有一些挫折，但是这种极端的争议是没有预料的。对此我很抱歉。"[338]然而，通常，公众的负面反应更多是与对用户体验的改变有关，而不是反对开源开发者赚钱的哲学思想。

项目也往往比个人更能吸引企业的资金，因为企业更愿意为代码付费而不是为人才付费。就价值主张而言，项目对企业资助者有吸引力，因为它们提供了相应的好处：代码的安全性和稳定性、影响力、吸引招聘人才。从执行的角度来看，资助项目与支付软件没有什么不同：它们成为团队预算中的一个项目，就像软件即服务（Software as a Service，SaaS）产品的支出。相比之下，资助个人开发者更像是一个承包商协议，即公司"雇用"个人提供服务。这些安排往往更难实现，无论是在执行方面，还是在内部为这一决定提供理由。

基于个人声誉筹集资金是一种解放，因为像辛德勒·索尔许斯这样的开发者不受任何一个特定项目的约束。但是，如果不明确地将自己的工作与某个项目联系起来，就很难赚到大钱。索尔许斯本人指出：

> 我的 Patreon 活动进展顺利，但主要是（了不起的）个人在支持我，这在长期内是不可持续的……
>
> 当你维护很多大小不一的项目，而不是只有一个像 Babel 这样的大型流行项目时，要吸引公司赞助就难多了，即使其中很多项目是 Node.js 生态系统的骨干。[339]

也许资助个人所带来的最大转变是文化方面的。有大量的开发者活动发生在我们通常认为的"项目"之外，这主要是由维护者推动的。

当 GitHub 在 2019 年推出其赞助商产品时，该平台鼓励用户在经济上支持他们所依赖的"开发者、维护者、作家、教师和程序员"。[340]资助个人开启了资助那些制作优秀教程、写书、回答支持问题或编写实时代码的人的可能性。这些开发者不太可能从开源项目筹集的资金中直接受益，因为他们不像核心开发者那样与"项目"紧密相连。资助开发者，而不是项目，改变了资助开源的含义。

---

* 注意：ARPANET，互联网的前身，是由美国政府委托开发的。在互联网还是一个研发项目的时候，政府就资助了我们最早的协议的开发。我对政府是否有能力成为开源软件的主要资助者持怀疑态度，这适

用于数字化的原生公共产品，例如今天建立在这些协议之上的项目系统。

† 我还推荐希基在 2018 年的后续文章，题目是"开源不是为了你"，可以在以下网站找到：https：//gist. github. com/richhickey/1563cddea1002958f96e7ba9519972d9。

‡ 当斯坦伯格宣布他将离开 Mozilla 而没有任何其他安排时，Mozilla 实际上一直是 cURL 的主要赞助者。他补充说："至少在短期内，此举可能会增加我的 curl 活动，因为我还没有任何新工作，我需要用一些东西来填补我的日子……"

§ T. L. 泰勒(T. L. Taylor)指出，类似的担忧也困扰着游戏界，游戏的职业化和商业化使人们担心游戏时间已经被"污染"或"败坏"。泰勒认为，屈服于这些恐惧会妨碍直播者今天所做的重要工作，而工作和游戏在文化上一直是交织在一起的。[330]

¶ 关于这个话题，我最喜欢的一句话："如果社区为其前 10 名的贡献者提供一件特殊的 T 恤作为信息奖励，即使 T 恤没有什么价值，用户也会感到荣幸和感激，从而在未来做出更多的贡献。"[334]

结　论

"社交媒体正处于一个前牛顿时代，我们都知道它在起作用，但不知道它是如何起作用的。"

——凯文·斯特罗姆（KEVIN SYSTROM），Instagram 的联合创始人[341]

我们的在线社交空间充斥着我们创造性工作的产物。今天，对"内容"更好的理解不是我们着手制造的东西——就像汽车制造商可能仅仅是为了生产汽车而存在——而是，正如一个朋友在给我的电子邮件中所写的那样，是"来自（我们）现有社会系统的外部性"[342]。内容是我们文明的快照。

软件的历史让我们了解到我们对内容的态度是如何变化的。在 20 世纪，代码被捆绑成实体格式——一本书，一张软盘，一张 CD——这使得定价和销售变得更容易。随着代码从这些格式中解放出来，并最终在开源许可证下发布，直接收费变得更加困难。如今有数百万行代码可以免费使用，人们的注意力已经从开发者做什么转移到了他们是谁。[343]

Python 开发者肖娜·戈登-麦肯（Shauna Gordon-McKeon）曾经向我提出一个假设的问题："选择一个你喜欢的平台，你是愿意失去所有你的联系人已经发布的内容，还是失去联系人本身？"[344] 她的观点是，这些平台创造的价值并不在于内容本身，而更多地在于潜在的社交图谱。我们与创作内容的人的关系比我们与内容的关系更加重要。因此，我们开始不再将内容视为私人经济产品，而是将其视为我们社会基础设施的外化。

平台的帮助更快地实现了这种转变。通过降低生产和分销成本，它们让创作者更容易独自运作。Stratechery 的本·汤普森将此称为"无名出版商"模式，即"在社交媒体的推动下，原子化的内容创造者建立自己的品牌并发展自己的受众；与此同时，出版商在后台建立规模化的，跨越基础设施、货币化，甚至人力资源类型的功能"。[345]

此外，通过将创作者带到一个地方，平台将内容制作变成了状态游戏。尤金·魏称这些为"状态即服务（StaaS）"的业务，这些业务在 Facebook 发明 News Feed 以及其他平台推出自己的社交 Feed 之后蓬勃发展，"释放了社会资本积累的淘金热"。[346]

那么，根据平台与创造者的关系，我们应该如何看待今天的内容制作呢？生产的"原子化"又如何影响先前有关人们如何生产的理论（比如：科斯的企业理论，奥斯特罗姆的公共资源池理论，本克勒的对等生产理论）？

如果我们将内容视为商品，我们便有可能在解决一个错误谜题。寻找答案意味着需要回到问题的本质上。第 2 章和第 3 章着眼于创造者及其周围社区之间的社交动态。我认为在在线创作者中很典型的一对多模式是中心化的社区，平台和创作者的受众都扮演着隐藏的角色。这些社区与我们所习惯的分布式、多对多在线社区形成了鲜明对比。

第 4 章重新讨论了边际成本问题。我们倾向于认为内容不会产生显著的边际成本，因为现在的平台能够消化创造者的大部分分销成本。然而，内容的维护会带来时间和使用方面的隐性成本。

创造者的声誉也需要某种类型的维护。声誉在任何社交平台上都有一个半衰期，成功的创造者积累声誉，声誉就像一个储存消费者注意力的"电池"。但如果他们不继续产生新的工作，电池就会老化，最终耗尽。

最后，在第 5 章中，我提出了开源中有两种经济利益伪装成一种。开源代码就像公共产品一样被消费，因为当代码被视为一种静态商品时，额外用户的成本几乎为零。但是，开源代码像公共资源一样产生，维护者的注意力却是有限的。维护者必须注意如何分配他们的注意力，以排除榨取性贡献者。

"公众"并不意味着"参与"，免费分发内容而不消耗制作人的注意力是可能的。第 5 章的其余部分研究了开发者用来管理他们注意力的各种策略，包括依赖自动化，限制各种可用性，以及将成本分担给用户。

从历史上看，我们关于内容价值的大多数问题都集中在分发方面，而不是在生产方面。今天，我们可以问的最有趣的问题将集中在内容是如何生产和维护的，以及由谁来生产和维护。我们之前将内容视为首次拷贝成本问题，并开发了专利、知识产权和版权等解决方案来激励创作。但是这些解决方案并没有解决随着时间而积累的维护成本问题。如今网络创造者所面临的挑战来自于他们所玩的是一款重复的游戏，而不是单一的游戏。

维护成本在一定程度上是由在线参与的模糊边界造成的，这些边界没有扩展到我们今天与他人交互的方式。在管理受众的期望方面，创作者面临的问题是过度参与，而不是参与不足。

另一种维护成本来自于声誉的积累。每个为创造者创造社会资本的平台也必须考虑维护成本，因为创造者的声誉会随着时间的推移而下降，除非他们继续投资。

我在这本书中花了大部分时间研究开源中的这种行为，这帮助我理解了更广泛地影响在线世界的规模问题。我将用最后几页的篇幅来探讨我们所学到的知识如何不仅应用于开源开发者，还能应用于其他在线创造者。我将特别关注两个领域：管理过度参与问题和盈利问题。

管理过度参与

当人们谈论"注意力经济"时，他们通常指的是消费者有限的注意力，比如多个应用程序争夺用户的时间。但开发者有限的注意力也同样重要。

随着关注者参与度的增加，更多的消费者会适当地关注创作者。因此，找到管理这种需求，特别是榨取性需求，包括评论、响应、直接消息和其他交互请求的方法是至关重要的。公地悲剧的发生不是因为消费者过度占用内容本身，而是因为消费者过度占用创作者的注意力。*

为什么这个问题这么难解决？它的根源在于，人们对自由参与在线社交空间的期望挥之不去。另一个问题是，我们目前缺乏管理这种需求的基础设施。随着社会规范的变化，我们的平台也在演变以解决这些问题。就像一座桥需要支撑比其初衷更多的流量一样，每个社交平台都在争相升级其基础设施，以适应我们今天所面对的社交互动量。平台需要在曾经是村庄的地方建造摩天大楼。

我们的社交平台曾是为分布式、小规模、多对多的用例而构建的——那是过去的古怪社交世界。它们模仿了互联网论坛、聊天群和邮件列表，因为这是我们在线社交基础设施的唯一蓝图。

随着越来越多的人涌向这些平台，我们看到一些桥梁倒塌。因为，事实证明，我们不知道如何为当今世界建造桥梁。比如 2016 年美国总统大选之后，Facebook 对于自己作为公民社会管理者的新角色毫无准备。但各大平台正在从这些错误中吸取教训，用我们今天仍在发现的新知识重建它们的服务。

如果你想象一场音乐会不断涌入观众，直到它变成一个充满激情的人群，你就可以理解增加更多的人参与到我们的社交平台的影响。当六个人聚集在一起时，他们可以彼此交谈，每个人都参与到同样的谈话中；当一千人聚集在一起时，他们就可能分为两种类型的互动。当有人爬上舞台试图调动观众时，所有人都转向观看（这可以称为广播效应）；当人们开始与他们附近的人聊天时，就忽略了主要舞台（这是小团体效应）。

社交平台必须重建其基础设施以适应这两个用例。Kickstarter 的联合创始人扬西·斯特里克勒（Yancey Strickler）称其为互联网的"黑暗森林理论"："越来越多的人为了避开主流网络而匆忙进入他们的黑暗森林"，因为主流网络已经成为"一场无情的权力竞争"。[347] 他指出，简讯、播客和群组聊天就是黑暗森林的例子，而 Facebook 和 Twitter 则是主流社交平台的例子，它们将继续与更多的私人渠道并存。马克·扎克伯格（Mark Zuckerberg）本人在 Facebook 2019 年 F8 大会上宣布，"未来是私人的，"他坚称，"随着时间的推移，我相信一个私人社交平台对我们的生活将比我们的数字城市广场更重要。"[348]

公共舞台日益反映出一种单向镜模式，任何人都可以消费内容，但与创作者的互动受到限制。Twitter 已经开始尝试给它的创作者更多的审核控制权，比如隐藏对推文的回复，限制谁可以回复推文。[349] Instagram 故事功能（一种最初由 Snapchat 发明的格式）是为了广播而不是与观众交谈而设计的，当故事功能推出时，Instagram 的首席执行官凯文·斯特罗姆指出，当时推出故事功能的一个目的，是给创作者一个没有点赞和评论压力的地方去分享内容。[350] 播客越来越受欢迎，近三分之一的美国人表示，他们每月至少听一次播客——从 2014 年到 2019 年，这个数字翻了一番。[351] 令人好奇的是，时事通讯是另一种重新出现的形式，创作者可以在不期待对话的情况下，向大量观众进行长篇广播。

在私人领域，小群聊天可以在 Facebook Messenger、Instagram、iMessage、WhatsApp、Signal 和 Telegram 等即时通讯应用上进行。群聊是奥斯特罗姆的论点的体现：一种划定社区边界的方式，排除榨取性贡献者，以允许更高情境的互动。它们也是应对过度参与问题的一种适应性措施。[†]

最后，仍然存在分布式、多对多的社交模式，比如 Reddit 和 Facebook 群组，这让人想起了旧的在线论坛。根据本克勒所确定的条件，这些仍然在有限的情况下起作用。当社会互动是模块化和粒状的，具有可替代的成员和低协调成本时,它们可以毫无成本地扩展。博主奇克斯·孔多尔(Kicks Condor)在给我的一封电子邮件中,将 Reddit 描述为"这个庞大的多对多的对话,几乎开始感觉像是一个人的声音,因为名字和身份是如此低调"。[352]因此,这些社区往往以特定的兴趣为导向,无论是本地妈妈的 Facebook 群组,还是关于约会和恋爱的 Reddit 子版块。和小群聊天一样,与以一对多的形式播出的创作者相比,它们对特定平台的依赖程度较低。

从根本上说,像 Twitter 和 Facebook 这样的社交平台仍然遵循早期的发布和评论模式,与创作者的互动是无阻碍的,甚至是受鼓励的。这些平台比其他任何平台都更难以适应现代社会的需求。

一个问题是,这些平台假定所有的用户都是可互换的,而在一对多的广播格式中,创作者是一种特殊的、不可互换的用户类型。拥有 200 万粉丝的 Instagram 用户与拥有 200 名粉丝的 Instagram 用户的体验是不同的。前者是中心化社区的中心,而后者要么被动地消耗一对多的内容,要么参与一个小群体。Instagram 已经开始意识到这些区别,并设置了"创作者账户",允许创作者通过多个收件箱、隐藏联系信息和自动回复来更好地管理入站请求。[353]

虽然创作者是人们关注的焦点,但他们并不是孤军奋战。有许多辅助角色能够帮助他们完成自己的工作,不管是作为"版主"的粉丝,还是那些策划创造者的作品以让他人更容易理解的人。正如前面章节所讨论的,一对多社交模式本身就是一个社区,尽管它并不符合我们对在线社区的典型定义。因此,我们需要采取一种全面的方法去支持创作者,让忠实的支持者能够参与进来,而不是将创作者当成一个单一的单位。它们是森林里的一棵树,不是盆栽植物。

设计一对多的交互并不是一个全新的挑战——这些类型的创作者的精神根源在电视或广播中——但是社会性的因素让事情变得模糊不清。通过分享如此多的自身经历,这些创作者在亲密且纯粹的广播体验之间占据了一个奇怪的空间。

平台与创作者之间的关系让事情变得更加混乱,因为我们并不总是清楚创作者是在平台的空间还是在他们自己的空间中进行操作。例如,正如我们从奥斯特罗姆的工作中发现的那样,社区应被授权自组织和管理他们自己的规则。平台应该为开发者提供管理自己社区所需的工具,但平台也面临着巨大的公众压力,要求它们制定自己的适度政策,而这些政策很难不加区别地适用于每一个创作者和他们各自的社区。

　　包括 Instagram 和 YouTube 在内的许多平台都在尝试隐藏计数和默认隐藏评论,以减少榨取性贡献者的需求。[354] 但 Instagram 的实验对公众隐藏了数据,而不是对创作者本身。这种做法有摧毁他们创造的声誉经济的危险。在早期,有抱负的创作者想要建立一个观众群,甚至需要这些社会信号,这并不一定是坏事。这些声誉系统帮助我们衡量和分配价值。只是要不了多久,伴随着维护个人声誉的代价提升,大量的点赞和评论就会让人筋疲力尽。

　　隐藏、消除或关闭这些互动的能力对后期的创作者来说非常重要。泰勒·斯威夫特(Taylor Swift)解释了她是如何在万众瞩目的位置上保持清醒的:

　　　　为了减少这种奇怪的不安全感,我做的一件事就是关闭评论。是的,我保持我的帖子的评论区处于关闭状态。这样,我就可以向我的朋友和粉丝们展示我的生活更新,但我也在训练自己的大脑不需要别人告诉我我看起来很火。我还屏蔽了那些可能觉得有必要在我早上九点喝咖啡的时候告诉我"去死吧"的人。[355]

　　另一个有用的方法是鼓励策管人的角色,他们可以作为创作者的高度互补和有益的对应,就像我们在 Twitch streamer 与其版主合作的例子中,或者 Clojure 的作者里奇·希基与 Clojure 的维护者亚历克斯·米勒的合作中看到的那样。策管人帮助创作者调节公共空间,过滤掉榨取性请求,只显示最需要创作者关注的内容。正如我们在第 5 章所看到的,创作者和平台不能手动管理所有的审核需求,所以他们需要依赖于用户对用户的解决方案。

　　在公众视野中长大的作家塔维·格文森(Tavi Gevinson)解释了她是如何在一位管理员的帮助下管理自己的 Instagram 账号的:

　　　　我问一位曾为我做过私人助理的女士是否想要一份新工作。从那以后,我把我的照片和说明文字发给她,她代表我发了出来……

> ……至于其他人的帖子,我仍然会像看博客一样在我的电脑上查看一些用户。有时我也会查看那里的评论,但不太会被吸引。今年,我创建了一个谷歌文档,这个人会根据我指定的标准,把我可能感兴趣的任何反馈粘贴进去:我以前在 Rookie 或我的博客上看到的那种个人的、详细的评论,建设性的批评,以及任何来自认证账户的信息。[356]

最后,我们可以将"点赞"及其后续排列视为一种自动化形式。通过使社交互动更加轻量级,平台可以减少创作者需要做的工作量。

"点赞"是一种适应机制,以减少评论的关注成本。虽然它减少了任何人参与的阻力,但它也减少了创建者的精力开销,类似于持续集成和测试减少了维护者对每个 PR 所需的评审量。(相关的,GitHub 的开源维护者在他们的"Dear GitHub"信中要求的功能之一是一种投票机制,它将取代他们收到的大量" + 1"评论,"这些评论只会给维护者和其他订阅该问题的人发送垃圾邮件"[357]。GitHub 在 2016 年添加了表情回应功能,与点赞类似,有助于减少评论开销[358])

2010 年代兴起的表情符号,是社交微互动的另一个例子,有助于满足人们对注意力日益增长的需求。发送一个表情符号来传达某种情绪比打出完整的句子更容易。点赞和表情符号符合本克勒的颗粒度条件,这使得分布式社交互动的规模化成为可能。苹果公司在 iMessage 中加入了点赞功能,Facebook Messenger 也在群聊中加入了反应功能,这两种功能都使人们更容易确认和回应信息。

谈到网络名气,我们没有"组织建设"的概念来支持高需求创作者的受众增长。创作者也不总是有财力来管理他们自己不断增长的需求,因为网上的名气并不总是能够转化为金钱。大牌明星和 CEO 最终会雇佣安保人员和行政支持。同样,平台必须提供创作者所需的支持系统,以使其能够茁壮成长。

虽然作为用户的我们,可以尝试设计我们自己的解决方案,但我们往往受限于平台允许我们能实现的东西。平台为我们的在线社交空间提供了基础设施,他们的设计决定极大地塑造了我们的日常体验。借用人类学家爱德华·T. 霍尔(Edward T. Hall)的一句话,他曾描述过"固定特征"空间(如建筑)的社会影响:

平台是"大量行为的铸模"[359]。

盈利

如果单向镜(任何人都可以消费,但只有一些人参与)是对过度参与的适应性反应,那么,这些较小的、集中的社区正在产生一套特殊的资助创作性工作的模式就不足为奇了。[‡]

第一波货币化是为了让"大"变得有意义。例如,展示广告是通过计算收看量来运作的。定价通常基于 CPM(每千次印象的成本)和 CPC(每次点击的成本),两者都需要大量的浏览量才能使这些数字有意义。如今,由于消费者面临着近乎无限的选择,作为一个创作者,盈利就是要让小的东西再次有意义。凯文·凯利的"1000 名真正的粉丝",终于实现了。我们看到了对订阅模式、赞助和商品的新兴趣,所有这些都是作为一种准社会的或单方面的亲密关系来运作的。

如果不进一步讨论广告,就很难讨论内容的经济性,但因为它本身就是一个很大的话题,所以我在本书中没有明确涉及它。我只想说,订阅模式的崛起不应该被解读为广告的丧钟。这两种模式并不相互排斥,广告仍然活得很好,它将在很长一段时间内继续发挥作用。而产品赞助可能只会变得更有价值,因为它们是由创作者的声誉所驱动的。作家蒂姆·费里斯(Tim Ferriss)就发现,广告比他的播客订阅盈利更多,因为他的听众特别信任他的产品推荐。[360]

至于订阅,付费墙可能看起来是一种内容货币化的方式,但实际上,创作者正在货币化的是他们的社区,无论是通过提供与创作者更紧密的联系,与志同道合的人交谈,还是提供一个使其躲避榨取性贡献者的避风港。

付费墙更像是主题公园的售票亭,而不是汽车的价格标签。大多数评论是没有用的,所以对读者的评论收费有助于确保参与者在游戏中拥有有意义的体验。创作者收费是为了让社会互动再次变得有意义。

Something Awful(SA),一个在 2000 年代中期特别流行的互联网论坛,向其用户收取"激活费"。虽然任何人都可以阅读该网站的论坛(除了偶尔的注册横幅挡住了他们的视线),但只有付费会员才能发帖。前管理员凯文·鲍文(Kevin

Bowen)在接受 Vice 采访时解释说:"当创建 SA 的理查德·肯卡(Richard Kyanka)开始对论坛账户注册收费时,他并不是为了赚钱。他这样做是因为他厌倦了在论坛上禁止人们的行为。"[361]

另一位前 SA 管理员乔恩·亨德伦补充说:"当理查德把付费墙生效时,它在很大程度上把一部分人挡在了外面……如果你想参与,你必须投入一点投资。"

考虑到这一原则,就更容易看出付费墙如何经常被误用。对创作者或出版商来说,将所有内容放在付费墙后面不可能有好的效果,只有少数重量级人物(例如《纽约时报》)除外。同样,小额支付——消费者为特定的内容支付小额款项,如支付解锁特定的文章——通常也不会有什么效果(同样,除非你是《纽约时报》,并且可以利用读者害怕错过的心理)。微额支付使交易与内容有关,而不是与创作者有关,但由于有这么多免费的、高度可替代的内容,它们使消费者产生了决策疲劳。[362]

订阅模式可以像免费模式一样运作,但它们作为一个双面市场变得更加有趣。在免费模式中,创作者免费提供他们的一些内容,但将其他内容限制给付费订阅者。免费内容通过公共网络效应帮助创作者提高他们的声誉。

在一个双边市场中,付费用户对非付费读者的所有内容进行补贴,其前提是创作者实际上不是在卖内容,而是在卖一种会员和身份感。与其向所有 10 万名读者收取 10 美分阅读一篇文章,创作者可以免费赠送文章,但每年向 1000 名额外的专门订阅者收取 10 美元。例如,蒂姆·卡莫迪(Tim Carmody)就以这种方式补贴他的通讯《亚马逊编年史》(*Amazon Chronicles*)。[363]付费用户使他有可能向所有人免费提供通讯:

> 最强大和最有趣的媒体模式将仍然是从那些不仅允许而且坚持免费赠送产品的成员那里筹集资金。价值不仅来自于他们购买的东西(原文如此),而且来自于他们从谁那里购买以及谁能享受到它。
>
> 这两个群体越大——会员越多,观众越多——对每个人来说就越好……PBS 即服务。[364]

　　畅销书《实用排版》(*Practical Typography*)的作者马修·巴特里克(Matthew Butterick)也因为瞄准了一部分读者而获得了成功。马修在网上免费提供他的书,但他不想在网上"不停地哄骗和乞讨",因为这会让这本书"永远丑陋和烦人"。[365]在注意到他的大部分免费流量来自 15 到 20 个网站后,他决定只针对这些网站的访问者,建议他们为这本书付费。结果,直接付费的数量在那一年翻了一番,这帮助他继续每年向 60 多万读者免费提供这本书。

　　最后,新闻业是一个有用的案例,可以证明不同的资助模式如何适用于不同类型的内容创作者。像"开源"一样,"新闻"并不只是指一种类型的内容。也像开源一样,有几家大报纸(《华盛顿邮报》《华尔街日报》《今日美国》等),它们并不完全代表新闻业其他从业机构的经验,就像 Linux 并不反映大多数开源项目的经验。随着报纸的不断松绑,我们可能会看到对不同类型的作家有效的不同模式。正如密苏里新闻学院的教授达蒙·基索(Damon Kiesow)所说:"全国性新闻和地方性新闻不是同一种业务。《纽约时报》可以追逐规模以获取利润,《中心日报》则不能。因为《纽约时报》拥有的是观众。在马里兰大学帕克分校,他们有一个社区。"[366]

　　可以说,社交媒体正在取代对"突发新闻"记者的需求。就像开源项目的临时贡献者一样,目击者发布关于突发新闻事件的信息,是因为他们有这样做的内在动机。当地新闻机构经常出现在目击者的评论中,请求使用他们的图片,这一事实告诉我们,普通公民正在成为主要媒体机构的更好的突发新闻来源,而不是相反。突发新闻相当于开放源代码中的随意贡献:那些与问题最接近的人有"贡献"的内在愿望,不期望得到经济回报,但也没有愿望在做出贡献后坚持下去。大多数发布重大新闻事件的人并不想成为新闻记者,他们只想分享并继续前进。同样,大多数临时贡献者也不想加入"贡献者社区"或成为维护者,他们只是想解决自己的问题并继续前进。

　　对于专注于特定垂直领域的新闻报道,我们将看到一种转变,就像我们在第 5 章探讨的从"资助项目"到"资助创作者"的转变。随着媒体公司向"原子化"的创造者转变,记者将更容易独立地使自己的声誉货币化,就像任何其他内容创造者一样。读者将为他们感兴趣的精心策划的高质量内容付费,有时也会为与其他志同道合的读者处于同一社区付费。

例如,前记者阿兹姆·阿扎尔(Azeem Azhar)通过他的技术通讯《极速视野》(*Exponential View*)每年获得六位数的常规性收入。[367]

《竞技》(*Athletic*)通过从当地报纸招募高知名度的体育作家,建立了专注于体育的订阅平台。[368]甚至对当地新闻的报道也是一种"小众新闻",例如达雷尔·托德·毛里纳(Darrell Todd Maurina),他在自己的 Facebook 页面上一手策划了密苏里州普拉斯基县的当地新闻。[369]

总的来说,我希望在新闻行业看到类似于开放源代码的情况:贡献者的"哑铃"形分布。一端是纯粹的自由贡献者(突发新闻、休闲评论和新闻评论),他们在社交媒体上发帖,因为这是低强度的,有可能获得一点收益,而且不期望维护、资助或必须持续贡献;另一端是维护者(新闻专栏、调查性新闻和专题报道),那些对自己的主题有深入了解的人,他们做出了高度不可复制的贡献,并且会从他们的声誉中盈利。

对于后一类人来说,游戏的目的是建立高度有针对性的受众,并为了使更少的人支付更多的钱而进行优化,而不是为页面浏览量摇旗呐喊。播客、通讯和长篇写作如今很有吸引力,因为它们帮助创作者筛选小众受众,而不是因为公共渠道的广泛影响而失去潜在价值。这些创作者不是最大限度地追求点赞,而是最大限度地追求意义。

这里的一个有趣的含义是,在全球范围内,创作者的相关性(对某些小众观众)比质量或信任更重要。早期的报纸和媒体品牌将其声誉建立在真相和"客观性"的承诺上,而未来的媒体品牌似乎更可能将其声誉建立在相关性的承诺上。

我认为,与其他形式的内容创作相比,这种资金转移在新闻界所花的时间要长得多——就像在开源领域一样,因为它需要摆脱原有的社会规范。例如,Twitch 和 YouTube 的创作者,基本上是与平台一起创造了他们的媒介,而开源和新闻业仍在努力解决其前辈的继承模式。

转型是困难的,但当谈到作为一个创作者在网上盈利时,我对这些机会感到比以往更乐观。我们正在走向一个未来,在那里,报酬在很大程度上受到一个人的关注者的质量而不是其规模的影响。这为创作者提供了巨大的自由度,有助于延续已经开始的思想复兴。我们还没有得到所有的答案,但我希望这本书能帮助我们找到正确的问题与答案。

* 另一种描述这种模式的方法是通过消极的跨界网络效应。跨界网络效应描述了价值是如何在两组用户之间创造的——在这里是指创作者和他们的用户。理想情况下,该网络会产生积极的交叉效应,更多的创造者和用户的出现是互利的。但过多的用户也会产生负面的横向效应,这降低了开发者的价值。

† 即使是开源项目也有这样的版本,比如维护者建立私人小组讨论敏感话题(如:安全问题)或尚未准备好公布的新功能。

‡ 如果我们看的是内容的世界,在基于订阅的服务领域,如 Netflix、Spotify、Apple News 或 Disney＋,有很多东西可以探讨,但我将把这个分析留给其他人。本书主要关注内容背后的人,所以我把重点限制在 GitHub、Instagram、Twitter 或 Twitch 等社交平台上出现的经济,以及在这些平台上建立自己声誉的创作者。

Acknowledgements
致 谢

如果没有乔什·格林伯格(Josh Greenberg),这本书可能就不会存在。他鼓励我认真对待这个项目,并帮助我将一组杂乱无章的想法提炼成有价值的东西。如果没有乔什的监督和他乐观的态度,我不可能完成这本书的初稿。谢谢你的支持。

感谢胡安·贝内特(Juan Benet)为我在协议实验室(Protocol Labs)提供了一个家,在那里我有了研究和撰写本书的创作空间;也感谢埃文·宫园(Evan Miyazono)给了我足够的时间,相信本项目的价值;也感谢哈佛大学在我的研究过程中允许我访问他们的图书馆和资源。所有这些安排使我有可能作为一名独立的研究人员,并以我想要的方式进行这项工作。我觉得很幸运。

感谢帕特里克·科里森(Patrick Collison)、布丽安娜·沃尔夫森(Brianna Wolfson)、席德·奥兰多(Sid Orlando)和凯特·李(Kate Lee)欢迎我加入 Stripe Press 大家庭,与他们共事非常愉快。我无法想象这本书能有一个比这更好的家。感谢亚历克斯·帕达尔卡(Alex Padalka)和苏珊娜·肯普尔(Susannah Kemple)塑造了这本书。

感谢泰特斯·布朗(Titus Brown)、约翰·巴克斯(John Backus)、迈克尔·尼尔森(Michael Nielsen)、菲利普·郭、德文·祖格尔和丽兹·沃勒(Liz Voeller)为我指出了影响本书主要方向的新观点。感谢我在 Git Hub 的同事,我从他们那里学到了很多东西,他们让 GitHub 成为了这么一个神奇的工作场所。感谢迈克·麦奎德、亨利·朱、费罗斯·阿布哈迪耶、纳特·弗里德曼、佐科·威尔科克斯(Zooko Wilcox),以及所有这些年来花时间与我分享经验并提供反馈的开源开发人员。我很感激能和这么一群有思想、有创造力、慷慨大方的人共事。

感谢每一位发推特、写博客、做会议演讲、发论坛或邮件列表、提出 issue 或 PR,或公开分享相关事宜的开发者。我希望这本书能够讲述开发人员的真实故事,并且我自己也从大量可挖掘信息库中获益匪浅。也感谢在整个写作过程中,所有回复我推文、时事通讯或博客帖子的人:你们的意见帮助我测试和提炼了许多最终进入本书的想法。

NOTES
注 释

1　Tim Berners-Lee，"Information Management: A Proposal"，The Original Proposal of the WWW，HTMLized，May 1990，https://www.w3.org/History/1989/proposal.html.

2　Nadia Eghbal，"Roads and Bridges: The Unseen Labor Behind Our Digital Infrastructure"，Ford Foundation，July 14, 2016，https://www.fordfoundation.org/about/library/reports-and-studies/roads-and-bridges-the-unseen-labor-behind-our-digital-infrastructure.

3　Gustavo Pinto, Igor Steinmacher, and Marco Aurélio Gerosa, "More Common Than You Think: An In-Depth Study of Casual Contributors", in *2016 IEEE 23rd International Conference on Software Analysis, Evolution, and Reengineering (SANER)* (Suita, Japan: IEEE, March 2016): 518 – 528, https://doi.org/10.1109/saner.2016.68.

4　"Twitter Bootstrap Usage Statistics", Built With, accessed March 31, 2020, https://trends.builtwith.com/docinfo/Twitter-Bootstrap.

5　"Contributors: Commits", Bootstrap Insights, GitHub, accessed March 31, 2020, https://github.com/twbs/bootstrap/graphs/contributors.

6　Nadia Eghbal, "User Support System Analysis", Nayafia Code, Github, September 27, 2018, https://github.com/nayafia/user-support/blob/master/top-100-by-issue-volume.csv.

7　Suvodeep Majumder, Joymallya Chakraborty, Amritanshu Agrawal, and Tim Menzies, "Why Software Projects Need Heroes (Lessons Learned from 1000+ Projects)", ArXiv, April 22,2019, https://arxiv. org/pdf/1904. 09954. pdf.

8   Npm, Inc. , "This Year in JavaScript: 2018 in Review and Npm's Predictions for 2019", *Npm* (blog), Medium, December 6, 2018, https://medium. com/npm-inc/this-year-in-javascript-2018-in-review-and-npms-predictions-for-2019-3a3d7e5298ef.

9   Steve Weber, *The Success of Open Source* (Cambridge, MA: Harvard University Press, 2005), Loc 867.

10   "The State of the Octoverse", GitHub, 2019, https://octoverse. github. com/.

11   DinoInNameOnly, "Most of What You Read on the Internet Is Written by Insane People", R/slatestarcodex, Reddit, October 27, 2018, https://www. reddit. com/r/slatestarcodex/comments/9rvroo/most _ of _ what_you_read_on_the_internet_is_written/.

12   CBS News, "Meet the Man behind a Third of What's on Wikipedia", CBS News, CBS Interactive, January 26,2019, https://www. cbsnews. com/news/meet-the-man-behind-a-third-of-whats-on-wikipedia/.

13   Kristen Roupenian, "What It Felt Like When 'Cat Person' Went Viral", *The New Yorker*, January 9,2019, https://www. newyorker. com/books/page-turner/what-it-felt-like-when-cat-person-went-viral.

01

14   "The State of the Octoverse", GitHub, 2019, https://octoverse. github. com/.

15   Free Software Foundation, "What Is Free Software?", GNU Operating System, July 30,2019, https://www. gnu. org/philosophy/free-sw. en. html.

16   Nicole Martinelli, "Walking the Walk: Why It's a Crooked Path for Free

Software Activists", Super User, February 8,2019, https://superuser. openstack. org/articles/walking-the-walk-why-its-a-crooked-path-for-free-software-activists/.

17　Steven Levy, *Hackers: Heroes of the Computer Revolution-25th Anniversary Edition* (Sebastopol, CA: O'Reilly, 2010).

18　Linus Torvalds (torvalds), "Add Support for AR5BBU22 [0489: e03c]", Linux Pull Requests, GitHub, May 11,2012, https://github. com/torvalds/linux/pull/17♯issuecomment-5654674.

19　Eric S. Raymond, "Sex Tips for Geeks", Catb, n. d. , http://www. catb. org/esr/writings/sextips/.

20　Eric S. Raymond, "Eric's Gun Nut Page", Catb, March 19, 2015, http://www. catb. org/～esr/guns/.

21　Aalto University Center for Entrepreneurship (ACE), "Aalto Talk with Linus Torvalds [Full-Length]", June 15,2012, YouTube video, 49: 58, https://www. youtube. com/watch? v＝MShbP3OpASA.

22　Richard Stallman, "Why Open Source Misses the Point of Free Software", GNU Operating System, January 7, 2020, https://www. gnu. org/philosophy/open-source-misses-the-point. html. en.

23　Eric S. Raymond, "Project Structures and Ownership", *Homesteading the Noosphere*, Catb, August 24, 2000, http://catb. org/～ esr/ writings/homesteading/homesteading/ar01s16. html.

24　Dawn Foster, "Who Contributes to the Linux Kernel?", The New Stack, January 18, 2017, https://thenewstack. io/contributes-linux-kernel/.

25　"How the Development Process Works", The Linux Kernel, accessed April 15, 2020, https://www. kernel. org/doc/html/latest/process/2. Process. html.

26　Nadia Eghbal, "There Is No 'My' in Open Source", Medium, March 24,2016, https://medium. com/@nayafia/there-is-no-my-in-open-sourcec3e5555390fa.

27　"About GitLab", GitLab, accessed March 31, 2020, https://about. gitlab. com/company/.

28　"The State of the Octoverse", GitHub.

29　Eric Wong, "Re: Please Move to Github", Unicorn Ruby/Rack Server User + Dev Discussion/Patches/Pulls/Bugs/Help, August 1, 2014, http://bogomips. org/unicorn-public/20140801213202. GA2729@dcvr. yhbt. net/.

30　Stack Overflow Insights, "Developer Survey Results 2018", Stack Overflow, 2018, https://insights. stackoverflow. com/survey/2018#work-_-version-control.

31　"The State of the Octoverse", GitHub.

32　Ben Balter, "Open Source License Usage on GitHub. com", *The GitHub Blog*, GitHub, March 9, 2015, https://github. blog/2015-03-09-open-source-license-usage-on-github-com/.

33　Brett Cannon, "The History behind the Decision to Move Python to GitHub", *Tall*, *Snarky Canadian*, January 13, 2016, https://snarky. ca/the-history-behind-the-decision-to-move-python-to-github/.

34　*App: The Human Story*, directed by Jake Schumacher, 2017, http://appdocumentary. com/.

35　Monika Bauerlein and Clara Jeffery, "How Facebook Screwed Us All", *Mother Jones*, March/April 2019, https://www. motherjones. com/politics/2019/02/how-facebook-screwed-us-all/.

36　Kurt Wagner, "Facebook's Acquisition of Instagram Was the Greatest Regulatory Failure of the Past Decade, Says Stratechery's Ben Thompson", *Vox*, June 2, 2018, https://www. vox. com/2018/6/2/17413786/ben-thompson-facebook-google-aggregator-platform-code-conference-2018.

37　Cannon, "The History behind the Decision to Move Python to GitHub".

38　The Carters，"Nice"，*Everything is Love*，2018，https://genius. com/The-carters-nice-lyrics.

39　Jacob Thornton，"What Is Open Source & Why Do I Feel So Guilty?"，Dotconferences，November 30，2012，Youtube video，https://www. youtube. com/watch? v=UIDb6VBO9os.

40　Steve Klabnik，"What Comes after 'Open Source'"，*Steve Klabnik* (blog)，April 2，2019，https://words. steveklabnik. com/what-comes-after-open-source.

41　Mikeal Rogers，"The GitHub Revolution：Why We're All in Open Source Now"，*Wired*，March 7，2013，https://www. wired. com/2013/03/github/.

42　Russ Cox，"Our Software Dependency Problem"，*Research！rsc*，January 23，2019，https://research. swtch. com/deps.

43　"The State of the Octoverse"，GitHub.

44　Stack Overflow Insights，"Developer Survey Results 2018".

45　Kent C. Dodds，"Big Announcement：I'm a Full-Time Educator！"，*Kent C. Dodds* (blog)，February 17，2019，https://kentcdodds. com/blog/full-time-educator.

46　Antoni Kepinski，Jerod Santo，Feross Aboukhadijeh，and Mikeal Rogers，"Building PizzaQL at the Age of 16"，*JS Party*，podcast audio，July 26，2019，https://changelog. com/jsparty/85.

47　Dan Abramov，"Things I Don't Know as of 2018"，*Overreacted*，December 28，2018，https://overreacted. io/things-i-dont-know-as-of-2018/.

48　Henry Zhu，"In Pursuit of Open Source (Part 1)"，*Henry's Zoo*，March 2，2018，https://www. henryzoo. com/in-pursuit-of-open-source-part-1/.

49　Kent C. Dodds and Sarah Drasner，"An Open Source Etiquette Guidebook"，CSS-Tricks，December 8，2017，https://css-tricks. com/open-source-etiquette-guidebook/.

50　"Sindre Sorhus Is Creating Open Source Software", Patreon, accessed March 31,2020, https://www. patreon. com/sindresorhus.

51　"Feross Is Creating Open Source Software like WebTorrent and Standard", Patreon, accessed March 31,2020, https://www. patreon. com/feross/.

52　Dan Abramov (@Dan_Abramov), "I'm Sorry for Disappearing (...)", Twitter, August 27,2019,8:55 a. m. , https://twitter. com/dan_abramov/status/1166333416272486400.

53　Linus Torvalds, "Linux 4. 19-rc4 Released, an Apology, and a Maintainership Note", LKML, September 16,2018, https://lkml. org/lkml/2018/9/16/167.

54　Pamela Chestek, "Member conduct", [License-discuss], February 28, 2020, https://lists. opensource. org/pipermail/license-discuss _ lists. opensource. org/2020-February/021350. html. Eric S. Raymond, "The Right to Be Rude," *Armed and Dangerous*, February 27,2020, http://esr. ibiblio. org/? p＝8609.

55　Richard Stallman, "Political Notes from 2019: July-October", Richard Stallman's Personal Site, October 31, 2019, https://stallman. org/archives/2019-jul-oct. html. Free Software Foundation, "Richard M. Stallman Resigns," Free Software Foundation, n. d. , https://www. fsf. org/news/richard-m-stallman-resigns.

56　Sindre Sorhus (@ sindresorhus), "An observation after having...", Twitter, December 8,2016,2:03 p. m. , https://twitter. com/sindresorhus/status/806937150575017984.

57　Sindre Sorhus (@sindresorhus), "Some observations from having...", Twitter, May 21, 2019, 7: 03 a. m. , https://twitter. com/sindresorhus/status/1130791267393163267?s＝21.

58　Sindre Sorhus (@sindresorhus), "I've also noticed that the general...", Twitter, May 21,2019,7:06 a. m. , https://twitter. com/sindresorhus/

status/1130792040420167681.

59　Sindre Sorhus（@ sindresorhus），"Don't let this be a deterrent…"，Twitter，May 21，2019，9：25 a. m. ，https：//twitter. com/sindresorhus/status/1130826866921594880.

60　Sindre Sorhus（@sindresorhus），"Just keep in mind that my time…"，Twitter，May 21，2019，9：30 a. m. ，https：//twitter. com/sindresorhus/status/1130828104178339840.

61　Nolan Lawson，"What It Feels Like to Be an Open-Source Maintainer"，*Read the Tea Leaves*，March 5，2017，https：//nolanlawson. com/2017/03/05/what-it-feels-like-to-be-an-open-source-maintainer/.

62　Chris Mayer，"Has the Apache Open Source Vision Become Blurred？"，*JAXenter*，November 25，2011，https：//jaxenter. com/has-the-apache-open-source-vision-become-blurred-103947. html.

63　Bryan Clark，"Apache Software Foundation Joins GitHub Open Source Community"，*The GitHub Blog*，GitHub，April 29，2019，https：//github. blog/2019-04-29-apache-joins-github-community/.

02

64　Julia Evans，"Figuring Out How to Contribute to Open Source"，*Julia Evans*（blog），n. d. ，https：//jvns. ca/blog/2017/08/06/contributing-to-open-source/.

65　"Ptychobranchus Subtentum"，*Wikipedia*，last updated April 7，2019，https：//en. wikipedia. org/wiki/Ptychobranchus_subtentum.

66　"Reykjavík"，*Wikipedia*，last updated March 27，2020，https：//en. wikipedia. org/wiki/Reykjav％C3％ADk.

67　"China：Provinces and Major Cities"，City Population，December 21，2019，https：//www. citypopulation. de/en/china/cities/.

68　"PEP 0 — Index of Python Enhancement Proposals（PEPs）"，Python. org，accessed March 31，2020，https：//www. python. org/dev/peps/.

69 "Proposing Changes to Go", Golang/Proposal Code, GitHub, accessed March 31,2020, https://github.com/golang/proposal/.

70 "How Brett Cannon Uses GitHub", Customer Stories, GitHub, n. d., https://github.com/customer-stories/brettcannon.

71 "DebianMaintainer", *Debian Wiki*, last updated August 24, 2019, https://wiki.debian.org/DebianMaintainer.

72 Stuart Sierra, "Clojure Governance and How It Got That Way", Clojure, February 17, 2012, https://clojure.org/news/2012/02/17/clojure-governance.

73 "Mutate Regexp Body", Mutant Pull Requests, GitHub, April 18,2016, https://github.com/mbj/mutant/pull/565♯issuecomment-211498398.

74 Lorenzo Sciandra, "Chain React 2019-Lorenzo Sciandra-All Hands on Deck-The React Native Community Experience", Infinite Red, July 31, 2019, YouTube video, https://www.youtube.com/watch? v＝OVz Mw3vYrDI&feature＝youtu.be.

75 "README", Pgcli Code, GitHub, accessed March 31,2020, https://github.com/dbcli/pgcli.

76 "README", WP-CLI Code, GitHub, accessed March 31, 2020, https://github.com/wp-cli/wp-cli.

77 "README", Is-sorted Code, GitHub, n. d., https://github.com/dcousens/is-sorted.

78 "This Is Python Version 3.9.0 Alpha 5", Cpython Code, GitHub, accessed March 31,2020, https://github.com/python/cpython.

79 Python/Cpython, GitHub, screenshot taken February 23, 2020, https://github.com/python/cpython.

80 "Getting Started", React, n. d., https://reactjs.org/docs/getting-started.html.

81 Ryan Dahl, "Ryan Dahl-History of Node.js", Phx Tag Soup, October 5,2011, YouTube video, 24：48, https://www.youtube.com/watch?

v＝SAc0vQCC6UQ.

82　Nathan Marz，"History of Apache Storm and Lessons Learned"，*Thoughts from the Red Planet*，October 6，2014，http：//nathanmarz. com/blog/history-of-apache-storm-and-lessons-learned. html.

83　Arfon Smith，"The Shape of Open Source"，*The GitHub Blog*，GitHub，June 23，2016，https：//github. blog/2016-06-23-the-shape-of-open-source/.

84　Felix Krause，"Scaling Open Source Communities"，*Felix Krause* (blog)，January 31，2017，https：//krausefx. com/blog/scaling-open-source-communities.

85　"Core Team"，Webpack Code，GitHub，accessed March 31，2020，https：//github. com/webpack/webpack♯core-team.

86　Youtube-dl Code，GitHub，accessed March 31，2020，https：//github. com/ytdl-org/youtube-dl.

87　Font Awesome Code，GitHub，accessed March 31，2020，https：//github. com/FortAwesome/Font-Awesome.

88　McKenzie，Sebastian (@ sebmck)，"GitHub is such a poor tool..."，Twitter，November 16，2015，3:47 a. m. ，https：//twitter. com/sebmck/status/667097915605708804.

89　"September 19"，Babel/Notes Code，GitHub，September 19，2016，https：//github. com/babel/notes/blob/master/2016/2016-09/september-19. md.

90　Stack Overflow Insights，"Developer Survey Results 2019"，Stack Overflow，2019，https：//insights. stackoverflow. com/survey/2019♯technology.

91　Nadia Eghbal，"Understanding User Support Systems in Open Source"，Nadia Eghbal，September 27，2018，https：//nadiaeghbal. com/user-support.

92　Gustavo Pinto，Igor Steinmacher，and Marco Aurélio Gerosa，"More Common Than You Think：An In-Depth Study of Casual Contributors"， in *2016 IEEE 23rd International Conference on Software Analysis, Evolution, and Reengineering* (*SANER*) (Suita, Japan: IEEE, March 2016): 518 – 528, https://doi.org/10.1109/saner.2016.68.

93 Mikeal Rogers, "Building a Better Node Community", *Node & JavaScript*, Medium, October 10,2014, https://medium.com/node-js-javascript/building-a-better-node-community-3f8f45b45cb5♯.b2ebksumt.

94 Pieter Hintjens, "Why Optimistic Merging Works Better", *Hintjens* (blog), November 16,2015, http://hintjens.com/blog: 106.

95 Astropy Code, GitHub, accessed March 31,2020, https://github.com/astropy/astropy.

96 Kazuhiro Yamashita, Shane McIntosh, Yasutaka Kamei, and Naoyasu Ubayashi, "Magnet or Sticky? An OSS Project-by-Project Typology", in *Proceedings of the 11th Working Conference on Mining Software Repositories-MSR 2014*, chair Premkumar Devanbu (Hyderabad, India: Association for Computing Machinery, May 2014): 344 – 347, https://doi.org/10.1145/2597073.2597116.

97 Nicole Carpenter, "The Gentle Side of Twitch", *Gizmodo*, April 23, 2019, https://gizmodo.com/the-gentle-side-of-twitch-1834215442.

98 Ssh-chat Code, GitHub, accessed March 31,2020, https://github.com/shazow/ssh-chat.

99 Spencer Heath MacCallum, *The Art of Community* (Menlo Park, CA: Institute for Humane Studies, 1970),5.

100 MacCallum, *The Art of Community*, 66.

101 T.L. Taylor, *Watch Me Play: Twitch and the Rise of Game Live Streaming* (Princeton, NJ: Princeton University Press, 2018),92 – 93.

102 MacCallum, *The Art of Community*, 67.

103 Nadia Eghbal, "Emerging Models for Open Source Contributions" (presentation, GitHub CodeConf, Los Angeles, June 29, 2016), https://www.slideshare.net/NadiaEghbal/emerging-models-for-open-

source-contributions.

104　Mikeal Rogers，"Healthy Open Source"，*Node. js Collection*，Medium，February 22，2016，https：//medium. com/the-node-js-collection/healthy-open-source-967fa8be7951.

105　Taylor Wofford，"Fuck You and Die：An Oral History of Something Awful"，*Vice*，April 5，2017，https：//www. vice. com/amp/en＿us/article/nzg4yw/fuck-you-and-die-an-oral-history-of-something-awful.

106　Adam Rowe，"Why Paid Apps Could Be the Future of Online Communities"，*Tech. co*，November 1，2019，https：//tech. co/news/woolfer-paid-app-online-communities-2019-11.

107　Kevin Simler，"Border Stories"，*Melting Asphalt*，March 2，2015，https：//meltingasphalt. com/border-stories/.

03

108　Star Simpson（@starsandrobots），"Til recently you were online…"，Twitter，November 5，2017，6：54 p. m.，https：//twitter. com/starsandrobots/status/927323260244463616.

109　Ronald Coase，"The Nature of the Firm"，*Economica* 4，no. 16（November 1937）：386－405，https：//doi. org/10. 1017/cbo9780511817410. 009.

110　Elinor Ostrom，*Governing the Commons：The Evolution of Institutions for Collective Action*（Cambridge：Cambridge University Press，1990），Loc 2053.

111　Yochai Benkler，"Coase's Penguin，Or，Linux and 'The Nature of the Firm'"，*The Yale Law Journal* 112，no. 3（2002）：369－446，https：//doi. org/10. 2307/1562247.

112　Benkler，"Coase's Penguin"，381.

113　Guido van Rossum，"Foreword for 'Programming Python'（1st Ed. ）"，Python. org，May 1996，https：//www. python. org/doc/essays/foreword/.

114　Linus Torvalds，"LINUX's History"，Carnegie Mellon University

School of Computer Science, July 31, 1992, https://www. cs. cmu. edu/~awb/linux. history. html.

115 Linus Torvalds, "Re: Kernel SCM Saga...", Mailing List ARChive, April 7,2005, https://marc. info/?l=linux-kernel&m=111288700902396.

116 Benkler, "Coase's Penguin", 378.

117 M. D. McIlroy, E. N. Pinson, and B. A. Tague, "UNIX Time-Sharing System: Foreword", *The Bell System Technical Journal* 57, no. 6 (1978): 1902, https://doi. org/10. 1002/j. 1538-7305. 1978. tb02135. x.

118 Benkler, "Coase's Penguin", 379.

119 David Heinemeier Hansson, "The Perils of Mixing Open Source and Money", November 12, 2013, https://dhh. dk/2013/the-perils-of-mixing-open-source-and-money. html.

120 Josh Lerner and Jean Tirole, "The Simple Economics of Open Source", NBER Working Paper 7600, National Bureau of Economic Research, March 2000,32, https://doi. org/10. 3386/w7600.

121 Eugene Wei, "Status as a Service (StaaS)", *Remains of the Day*, February 19, 2019, https://www. eugenewei. com/blog/2019/2/19/status-as-a-service.

122 Michael Wesch, "YouTube and You: Experiences of Self-Awareness in the Context Collapse of the Recording Webcam", *Explorations in Media Ecology* 8, no. 2(2009): 19 – 34.

123 Robert E. Kraut and Paul Resnick, *Building Successful Online Communities: Evidence-Based Social Design* (Cambridge, MA: The MIT Press, 2016),165.

124 Kraut and Resnick, *Building Successful Online Communities*, 128.

125 Coraline Ada Ehmke (CoralineAda), "Transphobic Maintainer Should Be Removed from Project", Opal Issues, GitHub, June 18, 2015, https://github. com/opal/opal/issues/941.

126 Strand McCutchen (strand), "Create a Code of Conduct", Opal Issues,

GitHub，June 21，2015，https：//github. com/opal/opal/issues/942.

127　Kraut and Resnick，*Building Successful Online Communities*，128.

128　Kraut and Resnick，*Building Successful Online Communities*，217.

129　Kraut and Resnick，*Building Successful Online Communities*，165.

130　Jamie Kyle（jamiebuilds），"（REVERTED）：Add Text to MIT License Banning ICE Collaborators"，Lerna Pull Requests，GitHub，August 29，2018，https：//github. com/lerna/lerna/pull/1616.

131　Daniel Stockman（evocateur），"Chore：Restore Unmodified MIT License"，Lerna Pull Request，GitHub，August 30，2018，https：//github. com/lerna/lerna/pull/1633.

132　Pete Resnick，"On Consensus and Humming in the IETF"，IETF Tools，June 2014，https：//tools. ietf. org/html/rfc7282.

133　"Viewing a Project's Contributors"，GitHub Help，n. d. ，https：//help. github. com/en/articles/viewing-a-projects-contributors.

134　"Viewing Contributions on Your Profile"，GitHub Help，n. d. ，https：//help. github. com/en/github/setting-up-and-managing-your-github-profile/viewing-contributions-on-your-profile.

135　Dan Abramov（gaearon）Overview，Github screenshot，2020，https：//github. com/gaearon.

136　"Emoji Key（and Contribution Types）"，All Contributors，n. d. ，https：//allcontributors. org/docs/en/emoji-key.

137　All-Contributors Code，GitHub，accessed May 1，2020，https：//github. com/all-contributors/all-contributors.

138　Charlotte Hess and Elinor Ostrom，"A Framework for Analyzing the Knowledge Commons"，in *Understanding Knowledge as a Commons：From Theory to Practice*，eds. Hess and Ostrom（Cambridge，MA：MIT Press，2011），48.

139　Benjamin Lupton（balupton），"Help Open-Source Maintainers Stay Sane"，Isaacs/Github Issues，GitHub，April 12，2014，https：//github.

com/isaacs/github/issues/167.

140   Frederick Brooks，*The Mythical Man-Month：Essays on Software Engineering，Anniversary Edition*，2nd ed.（Reading：Addison-Wesley，1995），32.

141   "Teams"，Django Software Foundation，accessed March 31，2020，https://www. djangoproject. com/foundation/teams/.

142   Caddyserver/Caddy，GitHub，accessed March 31，2020，https://github. com/caddyserver/caddy.

143   Spencer Heath MacCallum，*The Art of Community*（Menlo Park，CA：Institute for Humane Studies，1970），63 – 67.

144   MacCallum，*The Art of Community*，63.

145   "Meet the Team"，Babel，accessed March 31，2020，https://babeljs. io/team.

146   Jacob Kaplan-Moss，"Retiring as BDFLs"，*Jacob Kaplan-Moss*（blog），January 13，2014，https://jacobian. org/2014/jan/13/retiring-as-bdfls/.

147   Urllib3，GitHub，accessed March 13，2020，https://github. com/urllib3/urllib3/.

148   Andrey Petrov，"How to Hand over an Open Source Project to a New Maintainer"，Medium，February 9，2018，https://medium. com/@shazow/how-to-hand-over-an-open-source-project-to-a-new-maintainer-db433aaf57e8.

149   Klint Finley，"Giving Open-Source Projects Life after a Developer's Death"，Wired，November 6，2017，https://www. wired. com/story/giving-open-source-projects-life-after-a-developers-death/.

150   Alanna Irving，"Funding Open Source：How Webpack Reached $400k＋/Year"，*Open Collective*，October 23，2017，https://medium. com/open-collective/funding-open-source-how-webpack-reached-400k-year-dfb6d8384e19.

151   Christopher Hiller，Nadia Eghbal，and Mikeal Rogers，"Maintaining a

Popular Project and Managing Burnout with Christopher Hiller",
Request for Commits, podcast audio, November 1, 2017, https://
changelog. com/rfc/15.

152　Ayrton Sparling (FallingSnow), "I Dont Know What to Say", Event-
stream Issues, GitHub, November 20, 2018, https://github. com/
dominictarr/event-stream/issues/116.

153　Dominic Tarr (dominictarr), "Statement on Event-Stream Compromise",
Dominictarr/Readme. md Code, GitHub, November 26,2018, https://
gist. github. com/dominictarr/9fd9c1024c94592bc7268d36b8d83b3a.

154　Felix Geisendörfer, "The Pull Request Hack", *Felix Geisendörfer*
(blog), March 11, 2013, https://felixge. de/2013/03/11/the-pull-
request-hack. html.

155　Na Sun, Patrick Pei-Luen Rau, and Liang Ma, "Understanding Lurkers
in Online Communities: A Literature Review", *Computers in Human
Behavior*, no. 38 (September 2014): 110 – 117, https://www. science
direct. com/science/article/pii/S0747563214003008.

156　Kraut and Resnick, *Building Successful Online Communities*, 63.

157　Andrew J. Ko and Parmit K. Chilana, "How Power Users Help and
Hinder Open Bug Reporting", in *Proceedings of the 28th International
Conference on Human Factors in Computing Systems-CHI 10*, chair
Elizabeth Mynatt (New York: Association for Computing Machinery,
April 2010): 1665 – 74, https://doi. org/10. 1145/1753326. 1753576.

158　Suvodeep Majumder, Joymallya Chakraborty, Amritanshu Agrawal,
and Tim Menzies, "Why Software Projects Need Heroes (Lessons
Learned from 1000＋ Projects)", ArXiv, April 22,2019, https://arxiv.
org/pdf/1904. 09954. pdf.

159　Minghui Zhou and Audris Mockus, "What Make Long Term
Contributors: Willingness and Opportunity in OSS Community", in
2012 34th International Conference on Software Engineering (ICSE)

(Zurich: IEEE, June 2012): 518 – 528, https://doi. org/10. 1109/ icse. 2012. 6227164.

160 Zhou and Mockus, "What Make Long Term Contributors", 518.

161 Naomi Ceder, "Come for the Language, Stay for the Community" (presentation, EuroPython 2016, Bilbao, Spain, July 21, 2016), https://ep2016. europython. eu/media/conference/slides/keynote-stay-for-the-community. pdf.

162 Kazuhiro Yamashita, Shane McIntosh, Yasutaka Kamei, and Naoyasu Ubayashi, "Magnet or Sticky? An OSS Project-by-Project Typology", in *Proceedings of the 11th Working Conference on Mining Software Repositories-MSR 2014*, chair Premkumar Devanbu (Hyderabad, India: Association for Computing Machinery, May 2014): 344 – 346, https://doi. org/10. 1145/2597073. 2597116.

163 Gustavo Pinto, Igor Steinmacher, and Marco Aurélio Gerosa, "More Common Than You Think: An In-Depth Study of Casual Contributors", in *2016 IEEE 23rd International Conference on Software Analysis, Evolution, and Reengineering (SANER)* (Suita, Japan: IEEE, March 2016),518 – 528, https://doi. org/10. 1109/saner. 2016. 68.

164 Igor Steinmacher, Igor Wiese, Ana Paula Chaves, and Marco Aurélio Gerosa, "Why Do Newcomers Abandon Open Source Software Projects?", in *2013 6th International Workshop on Cooperative and Human Aspects of Software Engineering (CHASE)* (IEEE: San Francisco, May 2013): 31, https://doi. org/10. 1109/chase. 2013. 6614728.

165 Josh Lerner and Jean Tirole, "Some Simple Economics of Open Source", *The Journal of Industrial Economics* 50, no. 2 (June 2002): 197 – 234, https://doi. org/10. 1111/1467-6451. 00174.

166 Nadia Eghbal, "The Rise of Few-Maintainer Projects", *Increment* 9 (May 2019), https://increment. com/open-source/the-rise-of-few-maintainer-projects/.

167　Kraut and Resnick，*Building Successful Online Communities*，205.

168　Christoph Hannebauer，Matthias Book，and Volker Gruhn，"An Exploratory Study of Contribution Barriers Experienced by Newcomers to Open Source Software Projects"，in *Proceedings of the 1st International Workshop on CrowdSourcing in Software Engineering-CSI-SE 2014*，chairs Gordon Fraser et al. （Hyderabad：Association for Computing Machinery，June 2014）：11 – 14，https：//doi. org/10. 1145/2593728. 2593732.

169　Ko and Chilana，"How Power Users Help and Hinder Open Bug Reporting".

170　Owen Williams，"The Internet Relies on People Working for Free"，*OneZero*，Medium，September 16，2019，https：//onezero. medium. com/the-internet-relies-on-people-working-for-free-a79104a68bcc.

171　Jeff Forcier （@bitprophet），"TIL that SpaceX. . ."，Twitter，February 7，2018，11：34 p. m. ，https：//twitter. com/bitprophet/status/961095769599234049.

172　"Anonymous Aggregate User Behaviour Analytics"，Homebrew Documentation，n. d. ，https：//docs. brew. sh/Analytics.

173　Sneak，"Why are you even. . ."，Hacker News，comment，April 26，2016，https：//news. ycombinator. com/item? id＝11570483.

174　Feross Aboukhadijeh （feross），"Which Companies Are Using 'Standard'?"，Standard Issues，GitHub，May 9，2018，https：//github. com/standard/standard/issues/744.

175　Ko and Chilana，"How Power Users Help and Hinder Open Bug Reporting"，1665.

176　K. Crowston and J. Howison，"Assessing the Health of Open Source Communities"，*Computer* 39，no. 5 （May 2006）：89 – 91，https：//doi. org/10. 1109/mc. 2006. 152.

177　Nadia Eghbal，"What Success Really Looks Like in Open Source"，Medium，February 5，2016，https：//medium. com/@ nayafia/whatsuccess-really-looks-like-in-open-source-2dd1facaf91c.

178　Nadia Eghbal，"Methodologies for Measuring Project Health"，Nadia Eghbal，July 18,2018，https://nadiaeghbal. com/project-health.

179　Brooks, *The Mythical Man-Month* , 16.

180　Richard Schneeman，"Saving Sprockets"，*Schneems*，May 31, 2016，https://www. schneems. com/2016/05/31/saving-sprockets. html.

181　"Open Source Metrics"，Open Source Guides，n. d. ，https://opensource. guide/metrics/.

182　Eghbal，"Methodologies for Measuring Project Health".

04

183　Kevin Kelly，"Immortal Technologies"，*The Technium*，February 9，2006，https://kk. org/thetechnium/immortal-techno/.

184　Nathan Ensmenger，"When Good Software Goes Bad: The Surprising Durability of an Ephemeral Technology"，Indiana University，September 11,2014，http://homes. sice. indiana. edu/nensmeng/files/ensmenger-mice. pdf.

185　Fergus Henderson，"Software Engineering at Google"，ArXiv，February 19,2019，https://arxiv. org/pdf/1702. 01715. pdf.

186　Alex Handy，"Ruby on Rails 3. 0 Goes Modular"，*SD Times*，February 12，2010，https://sdtimes. com/ruby-on-rails/ruby-on-rails-3-0-goes-modular.

187　Yehuda Katz，"Rails and Merb Merge"，*Katz Got Your Tongue*，December 23，2008，https://yehudakatz. com/2008/12/23/rails-and-merb-merge/.

188　Byrne Hobart，"The Case for Subsidizing，or Banning，COBOL Classes"，Medium，March 29,2019，https://medium. com/@byrnehobart/you-cant-reduce-all-economic-decisions-to-a-series-of-financial-bets-but-it-s-a-good-way-to-d40e88e89e17.

189　Chris Zacharias，"A Conspiracy To Kill IE6"，*Chris Zacharias*（blog），May 1，2019，http：//blog. chriszacharias. com/a-conspiracy-to-kill-ie6.

190　Jacob Friedmann，"SmooshGate：The Ongoing Struggle between Progress and Stability in JavaScript"，Medium，March 10，2018，https：//medium. com/@ jacobdfriedmann/smooshgate-the-ongoing-struggle-between-progress-and-stability-in-javascript-2a971c1162dd.

191　Michael Ficarra（michaelficarra），"Rename Flatten to Smoosh"，Tc39/Proposal-flatMap Pull Requests，GitHub，March 6，2018，https：//github. com/tc39/proposal-flatMap/pull/56.

192　Neal Stephenson，*In the Beginning … Was the Command Line*（New York：William Morrow Paperbacks，1999），88.

193　Chrislgarry/Apollo-11，GitHub，accessed March 31，2020，https：//github. com/chrislgarry/Apollo-11.

194　Nadia Eghbal，"The Hidden Costs of Software"（lecture，the Web Conference，San Francisco，May 16，2019）.

195　Free Software Foundation，"What Is Free Software?"，GNU Operating System，July 30，2019，https：//www. gnu. org/philosophy/free-sw. en. html.

196　Jacob Thornton，"What Is Open Source & Why Do I Feel So Guilty?"，Dotconferences，November 30，2012，Youtube video，20：15，https：//www. youtube. com/watch? v＝UIDb6VBO9os.

197　Roy Revelt（revelt），"But guys, this package is not..."，Core-js Issues comment，GitHub，June 13，2019，https：//github. com/zloirock/core-js/issues/571♯issuecomment-501661663.

198　Tristanleboss，"@ revelt Forking is one thing..."，Core-js Issues comment，GitHub，June 13，2019，https：//github. com/zloirock/core-js/issues/571♯issuecomment-501889710.

199　Denis Pushkarev（zloirock），"@ revelt please, don't say me what I should do..."，Core-js Issues comment，GitHub，June 14，2019， https://github. com/zloirock/core-js/issues/571♯issuecomment-502040557.

200   Norbert Wiener, *The Human Use of Human Beings* (Boston: Houghton Mifflin Company, 1950),129.

201   Spencer Heath MacCallum, *The Art of Community* (Menlo Park, CA: Institute for Humane Studies, 1970),48.

202   David Heinemeier Hansson, "Open Source beyond the Market", *Signal v. Noise*, May 20, 2019, https://m. signalvnoise. com/open-source-beyond-the-market.

203   David Bollier, "The Growth of the Commons Paradigm", in *Understanding Knowledge as a Commons: From Theory to Practice*, eds. Charlotte Hess and Elinor Ostrom (Cambridge, MA: MIT Press, 2011),34.

204   Donald Stufft (@dstufft), "PyPI 'costs' like 2 – 3 million dollars...", Twitter, May 11, 2019, 5: 10 p. m. , https://twitter. com/dstufft/status/1127320131359653890.

205   Donald Stufft (@ dstufft), "The first full month of PyPI/PSF...", Twitter, July 21, 2017, 1:29 p. m. , https://twitter. com/dstufft/status/888450899357704192.

206   Donald Stufft (@dstufft), "April 'bill' for Fastly...", Twitter, May 11,2019, 5:26 p. m. , https://twitter. com/dstufft/status/1127324217622638599.

207   Drew DeVault, "The Path to Sustainably Working on FOSS Full-Time", *Drew DeVault's Blog*, February 24, 2018, https:// drewdevault. com/2018/02/24/The-road-to-sustainable-FOSS. html.

208   Werner Vogels, "Eventually Consistent", *Communications of the ACM* 52, no. 1 (January 2009): 40, https://doi. org/10. 1145/1435417. 1435432.

209   Lily Hay Newman, "GitHub Survived the Biggest DDoS Attack Ever Recorded", *Wired*, March 1, 2018, https://www. wired. com/story/github-ddos-memcached/.

210   Meira Gebel, "In 15 Years Facebook Has Amassed 2. 3 Billion Users-

More Than Followers of Christianity", *Business Insider*, February 4, 2019, https://www. businessinsider. com/facebook-has-2-billion-plus-users-after-15-years-2019-2.

211　Barry Schwartz, "Google: We Can't Have Customer Service Because…", Search Engine Roundtable, August 24, 2011, https://www. seroundtable. com/google-support-staff-limits-13916. html.

212　Nolan Lawson, "What It Feels Like to Be an Open-Source Maintainer", *Read the Tea Leaves*, March 5, 2017, https://nolanlawson. com/2017/03/05/what-it-feels-like-to-be-an-open-source-maintainer/.

213　Frederick Brooks, *The Mythical Man-Month: Essays on Software Engineering, Anniversary Edition*, 2nd ed. (Reading: Addison-Wesley, 1995),121.

214　Devon Zuegel, "The City Guide to Open Source", *Increment* 9, May 2019, https://increment. com/open-source/the-city-guide-to-open-source/.

215　Robert Glass, *Facts and Fallacies of Software Engineering* (Boston: Addison-Wesley, 2010),174.

216　"Section 230 of the Communications Decency Act", Electronic Frontier Foundation, n. d. , https://www. eff. org/issues/cda230.

217　Ben Balter, "Open Source License Usage on GitHub. com", *The GitHub Blog*, GitHub, March 9, 2015, https://github. blog/2015-03-09-open-source-license-usage-on-github-com/.

218　"The MIT License", Open Source Initiative, n. d. , https://opensource. org/licenses/MIT.

219　"Open Source Survey", Open Source Survey, 2017, https://opensourcesurvey. org/2017/.

220　"The Developer Coefficient: A \$300B Opportunity for Business", Stripe, September 2018, https://stripe. com/reports/developer-coefficient-2018.

221　Ensmenger, "When Good Software Goes Bad".

222   "About Required Status Checks", GitHub Help, n. d. , https://help. github. com/en/github/administering-a-repository/about-required-status-checks.

223   Alan Zeino, "Faster Together: Uber Engineering's IOS Monorepo", *Uber Engineering*（blog）, March 6,2017, https://eng. uber. com/ios-monorepo/.

224   Steve Klabnik（@ steveklabnik）, "Today I glanced at some numbers..." , Twitter, June 14,2019,11:17 a. m. , https://twitter. com/steveklabnik/status/1139552342842458112.

225   "The State of the Octoverse", GitHub, 2019, https://octoverse. github. com/.

226   Russ Cox, "Our Software Dependency Problem", *Research! rsc*, January 23,2019, https://research. swtch. com/deps.

227   Dan Goodin, "Failure to Patch Two-Month-Old Bug Led to Massive Equifax Breach", *Ars Technica*, September 13, 2017, https://arstechnica. com/information-technology/2017/09/massive-equifax-breach-caused-by-failure-to-patch-two-month-old-bug/.

228   Clayton Christensen, *The Innovator's Dilemma: The Revolutionary Book That Will Change the Way You Do Business*（New York, NY: Harper Business, 2003）.

229   "PyPy Features", PyPy, n. d. , https://pypy. org/features. html.

230   "Call for Donations-PyPy to Support Python3!", PyPy, December 2019, https://web. archive. org/web/20191209173423/https://www. pypy. org/py3donate. html.

231   Mikeal Rogers, "Request's Past, Present and Future", Request Issues, GitHub, March 30,2019, https://github. com/request/request/issues/3142.

232   "Moving to Require Python 3", Python 3 Statement, accessed March 30,2020, https://python3statement. org/.

233   VPeric, "Differences between Distribute, Distutils, Setuptools and

Distutils2?", Stack Overflow Questions, accessed March 2, 2020, https://stackoverflow. com/questions/6344076/differences-between-dis tribute-distutils-setuptools-and-distutils2.

234　Nick Heath, "Python Is Eating the World: How One Developer's Side Project Became the Hottest Programming Language on the Planet", *TechRepublic*, August 6, 2019, https://www. techrepublic. com/ article/python-is-eating-the-world-how-one-developers-side-project-became-the-hottest-programming-language-on-the-planet/.

235　Klint Finley, "GitHub 'Sponsors' Now Lets Users Back Open Source Projects", *Wired*, May 23, 2019, https://www. wired. com/story/ github-sponsors-lets-users-back-open-source-projects/.

236　J. Bradford De Long and A. Michael Froomkin, "The Next Economy?" (draft), University of Miami School of Law, April 6, 1997, http:// osaka. law. miami. edu/~froomkin/articles/newecon. htm.

237　Ben Thompson, "AWS, MongoDB, and the Economic Realities of Open Source", *Stratechery*, January 14, 2019, https://stratechery. com/ 2019/aws-mongodb-and-the-economic-realities-of-open-source/.

238　Bill Gates, "An Open Letter to Hobbyists", February 3, 1976, via Wikimedia Commons, https://commons. wikimedia. org/wiki/File: Bill _Gates_Letter_to_Hobbyists. jpg.

239　David Friedman, *Price Theory: an Intermediate Text* (Cincinnati, OH: South-Western Publishing Co, 1986),20.

240　Ben Lesh (@ BenLesh), "Open Source is such a strange thing...", Twitter, November 30, 2017, 1: 26 p. m. , https://twitter. com/ BenLesh/status/936300388906446848.

241　Jane Jacobs, *The Death and Life of Great American Cities* (New York: Vintage Books, 1992),433.

242　Timothy Patitsas, Nadia Eghbal, and Henry Zhu, "City as Liturgy", Hope in Source, podcast audio, March 21,2019, https://hopeinsource.

com/city/.

243　Randall W. Eberts，"White Paper on Valuing Transportation Infrastructure"，W. E. Upjohn Institute for Employment Research，January 1，2014，10，https：//research. upjohn. org/cgi/viewcontent. cgi? httpsredir＝1&article＝1217&context＝reports.

244　Azer Koçulu，"I've Just Liberated My Modules"，*Azer Koçulu*（blog），March 23，2016，https：//kodfabrik. com/journal/i-ve-just-liberated-my-modules/.

245　"@Babel/core"，Npm，accessed December 2019，https：//www. npmjs. com/package/@babel/core.

246　Isaac Schlueter（@Izs），"Kik，Left-Pad，and Npm"，*The Npm Blog*，March 23，2016，https：//blog. npmjs. org/post/141577284765/kik-left-pad-and-npm.

247　HM Treasury，"Valuing Infrastructure Spend：Supplementary Guidance to the Green Book"，March 2015，3，https：//assets. publishing. service. gov. uk/government/uploads/system/uploads/attachment _ data/file/417822/PU1798_Valuing_Infrastructure_Spend_-_lastest_draft. pdf.

248　"Sindre Sorhus Is Creating Open Source Software"，accessed March 13，2020，Patreon，https：//www. patreon. com/sindresorhus.

249　Benjamin E. Coe（bcoe），"Npm Users by Downloads"，Npm-top. md Code，GitHub，June 6，2018，https：//gist. github. com/bcoe/dcc961b869bbf6685002.

250　"Sindre Sorhus：Patreon Earnings Statistics Graphs Rank"，Graphtreon，accessed March 31，2020，https：//graphtreon. com/creator/sindresorhus.

251　Sindre Sorhus，"Answering Anything & Everything"，*Sindre Sorhus' Blog*，Medium，August 10，2016，https：//blog. sindresorhus. com/answering-anything-678ce5623798.

252　Vivian Cromwell，"Between the Wires：An Interview with Open Source Developer Sindre Sorhus"，FreeCodeCamp，September 4，2017，https：//

www. freecodecamp. org/news/sindre-sorhus-8426c0ed785d/.

253　Donald Stufft，"Hire Me"，Donald Stufft，October 17，2016，https：// caremad. io/posts/2016/10/hire-me/.

254　Donald Stufft，"A New Home"，Donald Stufft，January 18，2017，https：//caremad. io/posts/2017/01/a-new-home/.

255　"Drew DeVault Is Creating Free Software"，Patreon，accessed March 31，2020，https：//www. patreon. com/sircmpwn.

256　"Evan Is Creating Vue. js"，Patreon，accessed March 13，2020，https：// patreon. com/evanyou.

257　Evan You，"Vue Is Now on OpenCollective！"，*The Vue Point*，Medium，September 11，2017，https：//medium. com/the-vue-point/vue-is-now-on-opencollective-1ef89ca1334b.

258　Sophie Alpert（@sophiebits），"Is this what it feels like..."，Twitter，November 10，2019，7：27 p. m.，https：//twitter. com/sophiebits/status/1193686560413106177.

259　Owen Phillips，"The Anonymous MVP of the NBA Finals"，*The Outline*，June 12，2017，https：//theoutline. com/post/1706/the-anonymous-mvp-of-the-nba-finals-velocityraps-illegal-streaming.

260　Ryan Regier，"We Are in a Golden Age of Illegal Sports Streaming and It's Showing Us How Copyright Infringement Can Result in Better Content"，Medium，January 20，2019，https：//medium. com/@ryregier/we-are-in-a-golden-age-of-illegal-sports-streaming-and-its-showing-us-how-copyright-infringement-d835ae291ed2.

05

261　Jane Jacobs，*The Death and Life of Great American Cities*（New York：Vintage Books，1992），55.

262　Office of the Under Secretary of Defense（Comptroller），"National Defense Budget Estimates for FY2020"，United States Department of

Defense，May 2019，https：//comptroller. defense. gov/Portals/45/Docu ments/defbudget/fy2020/FY20_Green_Book. pdf.

263　Guido van Rossum，"［Python-Committers］Transfer of Power"，The Python-Committers Archives，July 12，2018，https：//mail. python. org/ pipermail/python-committers/2018-July/005664. html.

264　Jake Edge，"PEP 572 and Decision-Making in Python"，*LWN. net*，June 20，2018，https：//lwn. net/Articles/757713/.

265　Guido van Rossum，"A Different Way to Focus Discussions"，*LWN. net*，May 18，2018，https：//lwn. net/Articles/759557/.

266　Jonathan Zdziarski，"On the State of Open Source"，*Zdziarski's Blog of Things*，October 3，2016，https：//www. zdziarski. com/blog/? p＝6296.

267　Kristen Roupenian，"What It Felt Like When 'Cat Person' Went Viral"，*The New Yorker*，January 9，2019，https：//www. newyorker. com/books/page-turner/what-it-felt-like-when-cat-person-went-viral.

268　"About"，Lobsters，n. d. ，https：//lobste. rs/about.

269　"Product Hunt Pro Tips"，Product Hunt，n. d. ，https：//www. producthunt. com/protips.

270　Zdziarski，"On the State of Open Source".

271　C. Titus Brown，"How Open Is Too Open?"，*Living in an Ivory Basement*，June 26，2018，http：//ivory. idyll. org/blog/2018-how-open-is-too-open. html.

272　Withoutboats，"Organizational Debt"，*Withoutblogs*，December 16，2018，https：//boats. gitlab. io/blog/post/rust-2019.

273　Brown，"How Open Is Too Open?"

274　Rich Hickey（richhickey），"I found out about this diatribe…"，R/ Clojure comment，Reddit，October 7，2017，https：//www. reddit. com/ r/Clojure/comments/73yznc/on_whose_authority/.

275　Donald Hicks and David Gasca，"A Healthier Twitter：Progress and More to Do"，*Twitter*（blog），April 16，2019，https：//blog. twitter.

com/en_us/topics/company/2019/health-update. html.

276　Anna Wiener，"Jack Dorsey's TED Interview and the End of an Era"，*The New Yorker*，April 27,2019，https：//www. newyorker. com/news/letter-from-silicon-valley/jack-dorseys-ted-interview-and-the-end-of-an-era.

277　E. Dunham, "Rust's Community Automation"，*Edunham*，September 27, 2016，https：//edunham. net/2016/09/27/rust _ s _ community _ automation. html.

278　Robert E. Kraut and Paul Resnick, *Building Successful Online Communities：Evidence-Based Social Design* (Cambridge，MA：The MIT Press，2016),112.

279　"Dear GitHub"，Dear-Github Code，GitHub，January 10，2016，https：//github. com/dear-github/dear-github.

280　Brandon Keepers (bkeepers)，"Dear Open Source Maintainers"，Dear-Github Pull Requests，GitHub，February 12,2016，https：//github. com/dear-github/dear-github/pull/115.

281　Isaacs/Github Code，GitHub，accessed April 25,2020，https：//github. com/isaacs/github.

282　"Rust Highfive Robot"，GitHub，n. d. ，https：//github. com/rust-highfive.

283　"Kubernetes Prow Robot"，GitHub，n. d. ，https：//github. com/k8s-ci-robot.

284　Mairieli Wessel，Bruno Mendes de Souza，Igor Steinmacher，Igor S. Wiese，Ivanilton Polato，Ana Paula Chaves，and Marco A. Gerosa，"The Power of Bots：Characterizing and Understanding Bots in OSS Projects"，*Proceedings of the ACM on Human-Computer Interaction* 2 (November 2018)：1－19，https：//doi. org/10. 1145/3274451.

285　"The Configuration Issue to End All Configuration Issues"，Probot Issues，GitHub screenshot，November 20,2017，https：//github. com/probot/probot/issues/258♯issuecomment-345739177.

286   Nadia Eghbal，"Understanding User Support Systems in Open Source"，Nadia Eghbal，September 27，2018，https://nadiaeghbal. com/user-support.

287   "README"，Youtube-dl，GitHub，accessed March 13，2020，https://github. com/rg3/youtube-dl.

288   React-native-firebase Issues，GitHub，accessed March 29，2020，https://raw. githubusercontent. com/invertase/react-native-firebase/d6db2601f6 2fa35e79957a6f73454e62e85f9714/. github/ISSUE _ TEMPLATE/Bug _ report. md.

289   Philip Guo，"PG Vlog ♯75-Python Tutor Software Development Philosophy"，October 23，2017，YouTube video，10：30，https://www. youtube. com/watch? v＝sVtXLdBRfyE.

290   Philip Guo，"Ten Years and Nearly Ten Million Users：My Experience Being a Solo Maintainer of Open-Source Software in Academia"，*Philip J. Guo*（blog），November 2019，http://pgbovine. net/python-tutor-ten-years. htm.

291   Gabriel Vieira，"Re：A Look at the Design of Lua"，Hacker News，October 30，2018，https://news. ycombinator. com/item? id＝18327661.

292   Mike McQuaid，"Stop Mentoring First-Time Contributors"，*Mike McQuaid*（blog），February 16，2019，https://mikemcquaid. com/2019/02/16/stop-mentoring-first-time-contributors/.

293   Josh Constine，"Instagram Hits 1 Billion Monthly Users，Up from 800M in September"，*TechCrunch*，June 20，2018，https://techcrunch. com/2018/06/20/instagram-1-billion-users/.

294   Meira Gebel，"In 15 Years Facebook Has Amassed 2. 3 Billion Users —More Than Followers of Christianity"，*Business Insider*，February 4，2019，https://www. businessinsider. com/facebook-has-2-billion-plus-users-after-15-years-2019-2.

295   "GitHub Community Guidelines"，GitHub Help，accessed March 13，

2020，https：//help. github. com/en/articles/github-community-guidelines.

296　Michael Ficarra (michaelficarra)，"Rename Flatten to Smoosh"，Tc39/ Proposal-flatMap Pull Requests，GitHub screenshot，May 22，2018， https：//github. com/tc39/proposal-flatMap/pull/56.

297　"Guide to Building a Moderation Team"，Twitch，n. d. ，https：//help. twitch. tv/s/article/guide-to-building-a-moderation-team.

298　Jessica Rose and John Resig，"Walking Away from Your Open Source Project：John Resig"，*Pursuit Podcast*，YouTube audio only，December 26，2017，11：15，https：//youtu. be/K9HGec2RA-Q.

299　Eghbal，"Understanding User Support Systems in Open Source".

300　Sarah T. Roberts，*Behind the Screen：Content Moderation in the Shadows of Social Media* (Yale University Press，2019)，129.

301　Xin Tan，"Reducing the Workload of the Linux Kernel Maintainers： Multiple-Committer Model"，in *Proceedings of the 2019 27th ACM Joint Meeting on European Software Engineering Conference and Symposium on the Foundations of Software Engineering-ESEC/FSE 2019*，chairs Marlon Dumas et al. (Tallinn，Estonia：Association for Computing Machinery，August 2019)：1205 – 1207，https：//doi. org/ 10. 1145/3338906. 3342490.

302　"DEP 0007：Official Django Projects"，Django/Deps Code，GitHub， January 3，2019，https：//github. com/django/deps/blob/master/final/ 0007-official-projects. rst.

303　"Linux Kernel Development Report 2016"，The Linux Foundation， 2016，https：//www2. thelinuxfoundation. org/linux-kernel-development-report- 2016.

304　Henry Zhu，"Planning for 7. 0. "，*Babel* (blog)，September 12，2017， https：//babeljs. io/blog/2017/09/12/planning-for-7. 0.

305　Daniel Stenberg，"I'm Leaving Mozilla"，*Daniel Stenberg* (blog)， November 18，2018，https：//daniel. haxx. se/blog/2018/11/18/im-leaving-mozilla/.

306 Daniel Stenberg，"I'm on Team WolfSSL"，*Daniel Stenberg*（blog），February 2，2019，https：//daniel. haxx. se/blog/2019/02/02/im-on-team-wolfssl/.

307 Nadia Eghbal，"Roads and Bridges：The Unseen Labor Behind Our Digital Infrastructure"，Ford Foundation，July 14，2016，https：//www. fordfoundation. org/about/library/reports-and-studies/roads-and-bridges-the-unseen-labor-behind-our-digital-infrastructure.

308 Owen Williams，"The Internet Relies on People Working for Free"，*OneZero*，Medium，September 16，2019，https：//onezero. medium. com/the-internet-relies-on-people-working-for-free-a79104a68bcc.

309 "Support for Business"，Microsoft Support，February 28，2019，https：//support. microsoft. com/en-us/help/4341255/support-for-business.

310 "How the ASF Works"，The Apache Software Foundation，n. d. ，https：//www. apache. org/foundation/how-it-works. html.

311 Eric Berry，"Why Funding Open Source Is Hard"，*Hacker Noon*，December 3，2017，https：//hackernoon. com/why-funding-open-source-is-hard-652b7055569d.

312 Feross Aboukhadijeh，"Recap of the 'Funding' Experiment"，*Feross*（blog），August 28，2019，https：//feross. org/funding-experiment-recap/.

313 Sean T. Larkin，"Trivago Sponsors Webpack for Second Year！"，*Webpack*（blog），Medium，July 9，2018，https：//medium. com/webpack/trivago-sponsors-webpack-for-second-year-bfe6ca2f0702.

314 Aboukhadijeh，"Recap of the 'Funding' Experiment".

315 "Elephant Factor"，CHAOSS，n. d. ，https：//chaoss. community/metric-elephant-factor/.

316 Evan You，Nadia Eghbal，and Mikeal Rogers，"Crowdfunding Open Source（Vue. js）with Evan You"，*Request for Commits*，podcast audio，

June 15,2017，https：//changelog. com/rfc/12.

317　Antonio Hicks，"Tipping Up 33%，Twitch Viewers Up 21%，Fortnite Dominates — Q118 Streamlabs Report"，*Streamlabs Blog*，April 26，2018，https：//blog. streamlabs. com/tipping-up-33-twitch-viewers-up-21-fortnite-dominates-q118-streamlabs-report-52f60450af5a.

318　Jeff Grubb，"Amazon Acquires Twitch：World's Largest E-Tailer Buys Largest Gameplay-Livestreaming Site"，*VentureBeat*，August 25,2014，https：//venturebeat. com/2014/08/25/amazon-acquires-twitch-worlds-l argest-e-tailer-buys-largest-gameplay-livestreaming-site/.

319　Ben Thompson，"The Local News Business Model"，*Stratechery*，May 9,2017，https：//stratechery. com/2017/the-local-news-business-model/.

320　Tiago Forte，"Why I'm Leaving Medium"，*Praxis*，ForteLabs，April 23,2018，https：//praxis. fortelabs. co/why-im-leaving-medium/.

321　Eugene Wei，"Status as a Service（StaaS）"，*Remains of the Day*，February 19，2019，https：//www. eugenewei. com/blog/2019/2/19/status-as-a-service.

322　Nadia Eghbal，"The Twitch Argument for GitHub Sponsors"，Nadia Eghbal，May 24,2019，https：//nadiaeghbal. com/github-sponsors.

323　Wei，"Status as a Service（StaaS）".

324　Jon Gjengset（@jonhoo），"Sadly，I have to close my @Patreon..."，Twitter，October 2，2018，6：58 p. m.，https：//twitter. com/Jonhoo/status/1047259437319278592.

325　Eric S. Raymond，"Load-Bearing Internet People"，*Armed and Dangerous*，June 15,2019，http：//esr. ibiblio. org/? p=8383.

326　Laurie Voss（@seldo），"It is very hard to explain npm's place..."，Twitter，April 3,2018,6：06 p. m.，https：//twitter. com/seldo/status/981291962559901696.

327　Kevin Kelly，"1,000 True Fans"，*The Technium*，March 4，2008，https：//kk. org/thetechnium/1000-true-fans/.

328　Forte, "Why I'm Leaving Medium".

329　"Hacktoberfest", Hacktoberfest, accessed April 18, 2020, https://hacktoberfest. digitalocean. com/.

330　T. L. Taylor, *Watch Me Play: Twitch and the Rise of Game Live Streaming* (Princeton, NJ: Princeton University Press, 2018),260.

331　Ralf Gommers, "Re: [Pandas-dev] Tidelift", The Pandas-dev Archives, June 11, 2019, https://mail. python. org/pipermail/pandas-dev/2019-June/000972. html.

332　"Font Awesome 5", Kickstarter, March 13, 2018, https://www. kickstarter. com/projects/232193852/font-awesome-5.

333　"Kent Overstreet Is Creating Bcachefs - a Next Generation Linux Filesystem", Patreon, accessed March 13,2020, https://www. patreon. com/bcachefs.

334　Na Sun, Patrick Pei-Luen Rau, and Liang Ma, "Understanding Lurkers in Online Communities: A Literature Review", *Computers in Human Behavior*, no. 38 (September 2014): 110 – 117, https://www. science direct. com/science/article/pii/S0747563214003008.

335　"Eran Hammer Is Creating Open Source Software", Patreon, accessed November 29,2017, https://www. patreon. com/eranhammer.

336　"Support Django", Django Software Foundation, accessed March 15, 2020, https://www. djangoproject. com/fundraising/.

337　Tim Graham, "Django Fellowship Program: A Retrospective", Django Software Foundation, January 21, 2015, https://www. djangoproject. com/weblog/2015/jan/21/django-fellowship-retrospective/.

338　Matt Holt, "The Realities of Being a FOSS Maintainer", Caddy Forum, September 3, 2017, https://caddy. community/t/the-realities-of-being-a-foss-maintainer/2728.

339　Sindre Sorhus (@sindresorhus), "My Patreon campaign is going well…", Twitter, March 7,2019,12:46 p. m. , https://twitter. com/

sindresorhus/status/1103713423605432325.

340 "GitHub Sponsors", GitHub, accessed March 13, 2020, https://github.com/sponsors.

CONCLUSION

341 Kara Swisher, "A Wise Man Leaves Facebook", *The New York Times*, September 27, 2018, https://www.nytimes.com/2018/09/27/opinion/facebook-instagram-systrom.html.

342 Ian Sullivan, "Re: Things That Happened in November", email to author, December 20, 2018.

343 Nadia Eghbal, "The Developer's Dilemma", Nadia Eghbal, February 8, 2018, https://nadiaeghbal.com/developers-dilemma.

344 Shauna Gordon-McKeon, No Subject, email to author, March 22, 2019.

345 Ben Thompson, "Faceless Publishers", *Stratechery*, May 31, 2017, https://stratechery.com/2017/the-faceless-publisher/.

346 Eugene Wei, "Status as a Service (StaaS)", *Remains of the Day*, February 19, 2019, https://www.eugenewei.com/blog/2019/2/19/status-as-a-service.

347 Yancey Strickler, "The Dark Forest Theory of the Internet", *OneZero*, May 20, 2019, https://onezero.medium.com/the-dark-forest-theory-of-the-internet-7dc3e68a7cb1.

348 Nick Statt, "Facebook CEO Mark Zuckerberg Says the 'Future Is Private'", *The Verge*, April 30, 2019, https://www.theverge.com/2019/4/30/18524188/facebook-f8-keynote-mark-zuckerberg-privacy-future-2019.

349 Sarah Perez, "Twitter Launches Its Controversial 'Hide Replies' Feature in the US and Japan", *TechCrunch*, September 19, 2019, https://techcrunch.com/2019/09/19/twitter-launches-its-controversial-hide-replies-feature-in-the-u-s-and-japan/. Dieter Bohn, "Twitter Will

Put Options to Limit Replies Directly on the Compose Screen", The Verge, January 8, 2020, https://www. theverge. com/platform/amp/2020/1/8/21056856/twitter-replies-limit-option-compose-screen-beta-app-features-new-ces-2020.

350   Josh Constine, "Instagram Launches 'Stories,' a Snapchatty Feature for Imperfect Sharing", *TechCrunch*, August 2, 2016, https://techcrunch. com/2016/08/02/instagram-stories/.

351   Felix Richter, "The Steady Rise of Podcasts", Statista, March 7, 2019, https://www. statista. com/chart/10713/podcast-listeners-in-the-united-states/.

352   Kicks Condor, "Interview about Your Blog?", email to author, August 29, 2019.

353   "About the Creator Account on Instagram", Instagram Help Center, n. d. , https://help. instagram. com/1158274571010880? helpref=related.

354   Janko Roettgers, "Instagram to Start Hiding Like Counts in the U. S. ", *Variety*, November 8, 2019, https://variety. com/2019/digital/news/instagram-likes-like-counts-hidden-1203399222/. Sarah Perez, "YouTube Confirms a Test Where the Comments Are Hidden by Default," TechCrunch, June 21, 2019, https://techcrunch. com/2019/06/21/youtube-confirms-a-test-where-the-comments-are-hidden-by-default/.

355   Taylor Swift, "30 Things I Learned before Turning 30", *ELLE*, March 6, 2019, https://www. elle. com/culture/celebrities/a26628467/taylor-swift-30th-birthday-lessons/.

356   Tavi Gevinson, "Who Would I Be Without Instagram? An Investigation", *The Cut*, September 16, 2019, https://www. thecut. com/2019/09/who-would-tavi-gevinson-be-without-instagram. html.

357   "Dear GitHub", Dear-Github Code, GitHub, January 10, 2016, https://github. com/dear-github/dear-github.

358   Jake Boxer, "Add Reactions to Pull Requests, Issues, and Comments",

The GitHub Blog，March 10，2016，https：//github. blog/2016-03-10-add-reactions-to-pull-requests-issues-and-comments/.

359　Edward T. Hall，*The Hidden Dimension*，Later printing ed.（New York：Anchor Books，1990），106.

360　Tim Ferriss，"Why I'm Stopping the Fan-Supported Podcast Experiment"，*Tim Ferriss's 4-Hour Workweek and Lifestyle Design Blog*，July 11，2019，https：//tim. blog/2019/07/11/why-im-stopping-the-fan-supported-podcast-experiment/.

361　Taylor Wofford，"Fuck You and Die：An Oral History of Something Awful"，*Vice*，April 5，2017，https：//www. vice. com/amp/en＿us/article/nzg4yw/fuck-you-and-die-an-oral-history-of-something-awful.

362　Nick Szabo，"Micropayments and Mental Transaction Costs"，Nakamoto Institute，n. d. ，https：//nakamotoinstitute. org/static/docs/micropayments-and-mental-transaction-costs. pdf.

363　Tim Carmody，"Statement of Purpose"，*Amazon Chronicles*，January 27，2019，https：//amazonchronicles. substack. com/p/statement-of-purpose.

364　Tim Carmody，"Unlocking the Commons：Or，the Psychoeconomics of Patronage"，*Kottke. org*，December 15，2017，https：//kottke. org/17/12/unlocking-the-commons-or-the-psychoeconomics-of-patronage.

365　Matthew Butterick，"To Pay or Not to Pay：How I Profited from Gentle Shame"，*Butterick's Practical Typography*，August 5，2016，https：//practicaltypography. com/to-pay-or-not-to-pay. html.

366　Damon Kiesow，"Journalism's Dunbar Number：Audience Scales, Community Does Not"，Local News Lab，March 4，2019，https：//localnewslab. org/2019/03/04/journalisms-dunbar-number-audience-scales-community-does-not/.

367　Alex Kantrowitz，"Paid Email Newsletters Are Proving Themselves as a Meaningful Revenue Generator for Writers"，BuzzFeed，April 29，2019，https：//www. buzzfeed. com/alexkantrowitz/writers-have-been-trying-t o-support-online-themselves-for

368 Kevin Draper, "Why The Athletic Wants to Pillage Newspapers", *The New York Times*, October 23,2017, https://www. nytimes. com/2017/ 10/23/sports/the-athletic-newspapers. html.

369 David Bauder and David A. Lieb, "Decline in Readers, Ads Leads Hundreds of Newspapers to Fold", Associated Press, March 11,2019, https://apnews. com/0c59cf4a09114238af55fe18e32bc454.

Postscript
后 记

本书是一本有关开源的中文翻译作品,有趣之处在于全书的所有翻译、校对、合稿等过程采用了 GitHub 项目贡献者的工作模式,通过分布式多人协同的方式共同完成。我们不得不感慨,翻译确实是项专业性很强的工作,高质量的译本需要译者投入大量的精力。

■ 翻译技巧

提到翻译标准,大家会立即想到严复提出的"译事三难:信、达、雅"。即译文不仅要在忠实原文原义的基础上,做到文辞顺畅,还要典雅优美,实属不易。

在这个不乏方法技巧的时代,有各类翻译相关的课程和书籍文章会介绍翻译技巧,在这里就不再做教材式的赘述,仅仅简单谈一下我们自己的几点体会。

■ 背景知识

相较文学性作品,翻译专业性书籍要求译者必须具备相对坚实的学科背景知识。因原文中存在大量与领域知识相关的词汇或表达,而这些词汇或表达都有特定的所指和内涵,如果缺乏专业背景知识和相应积累,那么就难以准确理解和把握,很容易导致词不达意,或至少显得专业性不足。

就开源领域而言,除了与技术研发相关的概念,对协作流程与工具等专业词汇也需要有相当的了解,如"代码仓库"(repository)、"拉取请求"(pull request)、"制品"(artifact)、"分发"(distribution)等,这些都具有开源领域约定俗成或规范

注:本后记修改自本书核心审校人赵生宇(Frank)在书籍翻译审校过程中发表的一篇博客,略加修改。

化的界定和指向。如果不了解这些概念,就很难做到准确翻译。所以,专业知识是翻译专业书籍的重要保障。

■ 更准确的表达

准确的表达是译文最基本的要求之一。事实上,对掌握相关领域背景知识的要求也是为了提高译文表达的准确性。但从较宽泛的英译中场景来看,容易出现问题的地方在于对一词多义的处理。

语言是一种源自生活又表达生活的艺术,生活的丰富性决定了语言的复杂性。语言不是标准化的机械产品,需要置其于具体的上下文语境中去把握,以求得最本真的意义。在英语中,一词多义现象十分普遍。由相同的动词和名词构成的动名词搭配在不同的语境中往往有不同的释义,翻译时需要选取相应的中文动名词搭配才能做到准确表达,否则就会出现搭配不协调甚至表述错误的后果。

要使译文中的表述更准确,其要点在于不拘泥于词典的释义,在纷繁复杂的上下文语境中体味出特定的所指。

■ 更自然的表达

对于具有专业背景的译者而言,做到准确地传达原文的含义并不算是困难的事情。但由于东西方文化、中英文写作以及不同的作者表达习惯的差异,在准确传达原文意思的同时做到符合中文的表达习惯,需要一个文化适应和转化的过程。从这次的翻译经历来看,翻译专业技术领域的书籍或文章时,要做好以下几点才能使译文的表达更自然。

● 从句翻译

从句可能是中英文表达形式上最大的不同之处。英文中存在大量的从句,包括定语从句、状语从句等,且很多时候在一句句子中会出现多个从句。如果此时按照原文语序来翻译,会导致中文的句子支离破碎,不仅阅读起来拗口,理解上也会出现困难。这就是过去人们经常反对的语言表达上的"欧化"现象。

如果对于各类从句的翻译不能很好地处理,会导致整篇文章留着明显的翻译痕迹,甚至严重影响读者的阅读体验。

为了解决这一问题,我们翻阅了大量与翻译技巧相关的参考资料。在此过程中,我们习得了一个非常实用的定语从句翻译原则,即 8 个以内单词构成的定语从句直接前置到原句中,而 8 个以上单词构成的定语从句单独翻译。也就是说,对于较短的修饰性从句,没有必要单独成句,否则会导致主从句间的联系被打散;而单独翻译的从句则应注意添加合适的连接词,因为英文中的修饰性从句通常直接跟在修饰对象之后,如果直接翻译而没有连接词,会显得译文生涩。当然,在实际的翻译过程中,仍需要根据具体的语境选择恰当的翻译方法,不能盲目地套用该原则。

● 语义精炼

语义精炼也是翻译时比较难以把握的一点,但却非常重要。语义精炼需要译者在直译和理解原文含义后按照中文习惯重写整句。对于一些复杂的句式,即使处理了词语搭配和从句,如果不重写依然会显得冗长和生硬。

事实上有人对不同语言的信息熵做过分析,以中英文经典名著为例,其占用存储空间的比例为 1∶1.6 左右,但使用霍夫曼编码的情况下占用的空间比例则几乎是一样的。这意味着在传达相同信息量的情况下,中文比英文简练很多。从信息熵的角度而言,中文的信息熵更大,即中文单词包含的信息量更多,同时理解难度也更大。这样的分析结果为英译中的语义精炼的要求提供了科学依据。

● 文化理解

从我们的经验来看,如果能处理好上述几个问题,就已经可以处理好书籍翻译中 80% 的问题了。但是,这对于做好一本书的翻译还是不够的。翻译不仅是语言转换,也是复杂的跨文化交际活动。文化是语言形成和发展的土壤,语言是反映文化的镜子。要翻译出优秀的作品,需要译者对中西方文化有深入了解,并在翻译中找到合适的切入点,把外来语言本土化,以符合目的语的文化背景和表达习惯。

■ 翻译流程

上述是我们在翻译过程中觉得比较重要的一些体会,然而翻译本书的挑战性不仅体现在具体翻译工作中存在困难,在多人翻译时引入的协作方式带来的挑战同样很大。下面梳理一下这次翻译的整体流程。

下图展示的为本次协作翻译的流程。拆分章节后每一章有一个 Actor(翻译成员)和一个 Reviewer(审阅成员)的情况下的协作翻译流程,基本步骤为:

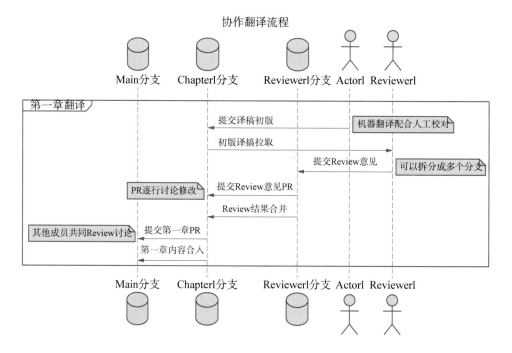

● 翻译成员首先通过机器翻译并配合人工校对得到该章节的初版译稿,然后提交到 Chapter1 的分支上;

● 审阅成员拉取这个分支后进行 Review(审阅)和修改,并提交到相应的 Reviewer1 分支中;

● 审阅成员从自己的 Reviewer1 分支向 Chapter1 分支提交一个 PR,该 PR 包含了所有的修改意见;

● 审阅成员在上述 PR 中对每一处修改意见说明修改原因;

● 翻译成员对于每一处修改意见进行评审,认为没有问题就可以 resolve(解决),有问题直接在该意见处的 thread(线程)中进行讨论,并由审阅成员反复修改;

● 全部 Review 意见 resolve 后即可将 Reviewer1 分支合并到 Chapter1 分

支中,此时双人协作的翻译完成;

● 从 Chapter1 分支向 Main 分支提交 PR,此处没有修改内容,为完整翻译内容的一次性提交;

● 团队中其他章节的成员对该 PR 进行共同 Review 讨论,并最终合入 Main 分支,完成该章节翻译。

上述的翻译流程为某一章节的双人协作翻译流程,最终包含了一个团队成员的集体 Review。其他章节的翻译流程也类似,有些需要注意的点是:

● 如果一章的内容过多,审阅成员提交时可以拆分成多个 PR,这样每个 PR 的 Review 讨论可以更加聚焦;

● 单章的 Review 是可以不用 Reviewer 分支的,而是可以直接提交 PR 并进行讨论。但这样的划分会使工作界面变得模糊。双人协作和集体协作在同一个 PR 中,那么无论是对工作空间还是对时间上的划分都不够明确,从而可能产生更多的沟通成本。

■ 关于本书的勘误

《开放式协作》中文版的翻译工作告一段落,我们在 GitHub 上开了仓库供读者反馈与提出本书的相关建议。大家有什么问题,欢迎随时联系我们:

GitHub 地址:https://github.com/X-lab2017/WIP-feedback

X-lab 开放实验室

2022 年 8 月